essentials

essentials liefern aktuelles Wissen in konzentrierter Form. Die Essenz dessen, worauf es als „State-of-the-Art" in der gegenwärtigen Fachdiskussion oder in der Praxis ankommt. *essentials* informieren schnell, unkompliziert und verständlich

- als Einführung in ein aktuelles Thema aus Ihrem Fachgebiet
- als Einstieg in ein für Sie noch unbekanntes Themenfeld
- als Einblick, um zum Thema mitreden zu können

Die Bücher in elektronischer und gedruckter Form bringen das Expertenwissen von Springer-Fachautoren kompakt zur Darstellung. Sie sind besonders für die Nutzung als eBook auf Tablet-PCs, eBook-Readern und Smartphones geeignet. *essentials:* Wissensbausteine aus den Wirtschafts-, Sozial- und Geisteswissenschaften, aus Technik und Naturwissenschaften sowie aus Medizin, Psychologie und Gesundheitsberufen. Von renommierten Autoren aller Springer-Verlagsmarken.

Weitere Bände in dieser Reihe http://www.springer.com/series/13088

Hermann Sicius

Zinkgruppe: Elemente der zweiten Nebengruppe

Eine Reise durch das Periodensystem

Dr. Hermann Sicius
Dormagen, Deutschland

ISSN 2197-6708 ISSN 2197-6716 (electronic)
essentials
ISBN 978-3-658-17867-3 ISBN 978-3-658-17868-0 (eBook)
DOI 10.1007/978-3-658-17868-0

Die Deutsche Nationalbibliothek verzeichnet diese Publikation in der Deutschen Nationalbibliografie; detaillierte bibliografische Daten sind im Internet über http://dnb.d-nb.de abrufbar.

Springer Spektrum

Gedruckt auf säurefreiem und chlorfrei gebleichtem Papier

Springer Spektrum ist Teil von Springer Nature
Die eingetragene Gesellschaft ist Springer Fachmedien Wiesbaden GmbH
Die Anschrift der Gesellschaft ist: Abraham-Lincoln-Str. 46, 65189 Wiesbaden, Germany

Dieses Buch ist gewidmet:
Susanne Petra Sicius-Hahn
Elisa Johanna Hahn
Fabian Philipp Hahn
Gisela Sicius-Abel

Was Sie in diesem *essential* finden können

- Eine umfassende Beschreibung von Herstellung, Eigenschaften und Verbindungen der Elemente der zweiten Nebengruppe
- Aktuelle und zukünftige Anwendungen
- Ausführliche Charakterisierung der einzelnen Elemente

Inhaltsverzeichnis

1 Einleitung

Willkommen bei den Elementen der zweiten Nebengruppe (Zink, Cadmium, Quecksilber, Copernicium), deren physikalische und chemische Eigenschaften relativ ähnlich sind. Auswirkungen der Lanthanoidenkontraktion erkennt man hier kaum noch. Cadmium steht in seinen Eigenschaften etwa zwischen dem Zink und dem Quecksilber. Zink und Cadmium haben negative Normalpotentiale, wogegen Quecksilber ein Halbedelmetall ist. Die Elemente dieser Gruppe geben meist ein oder zwei äußere Valenzelektronen ab, um eine stabile Elektronenkonfiguration zu erreichen. Bei Zink und Cadmium sind die Oxidationsstufen +2 am stabilsten, bei Quecksilber +1 und +2. Für das höchste Element dieser Nebengruppe, das Copernicium, konnten bisher kaum chemische Untersuchungen durchgeführt werden. Es ist zu erwarten, dass es sich chemisch ähnlich wie Quecksilber verhält.

Zink als Element kennt man seit dem 17. Jahrhundert, Cadmium seit 1817, wogegen Quecksilber schon in der Antike bekannt war. Die erstmalige Darstellung von Atomen des Coperniciums gelang 1996. Sie finden alle Elemente im untenstehenden Periodensystem in Gruppe N 2.

Elemente werden eingeteilt in Metalle (z. B. Natrium, Calcium, Eisen, Zink), Halbmetalle wie Arsen, Selen, Tellur sowie Nichtmetalle wie beispielsweise Sauerstoff, Chlor, Jod oder Neon. Die meisten Elemente können sich untereinander verbinden und bilden chemische Verbindungen; so wird z. B. aus Natrium und Chlor die chemische Verbindung Natriumchlorid, also Kochsalz).

Einschließlich der natürlich vorkommenden sowie der bis in die jüngste Zeit hinein künstlich erzeugten Elemente nimmt das aktuelle Periodensystem der Elemente (Abb. 1.1) bis zu 118 Elemente auf.

Die Einzeldarstellungen der insgesamt vier Vertreter der Gruppe der Elemente der zweiten Nebengruppe enthalten dabei alle wichtigen Informationen über das jeweilige Element, sodass ich hier nur eine sehr kurze Einleitung vorangestellt habe.

H. Sicius, *Zinkgruppe: Elemente der zweiten Nebengruppe,* essentials,
DOI 10.1007/978-3-658-17868-0_1

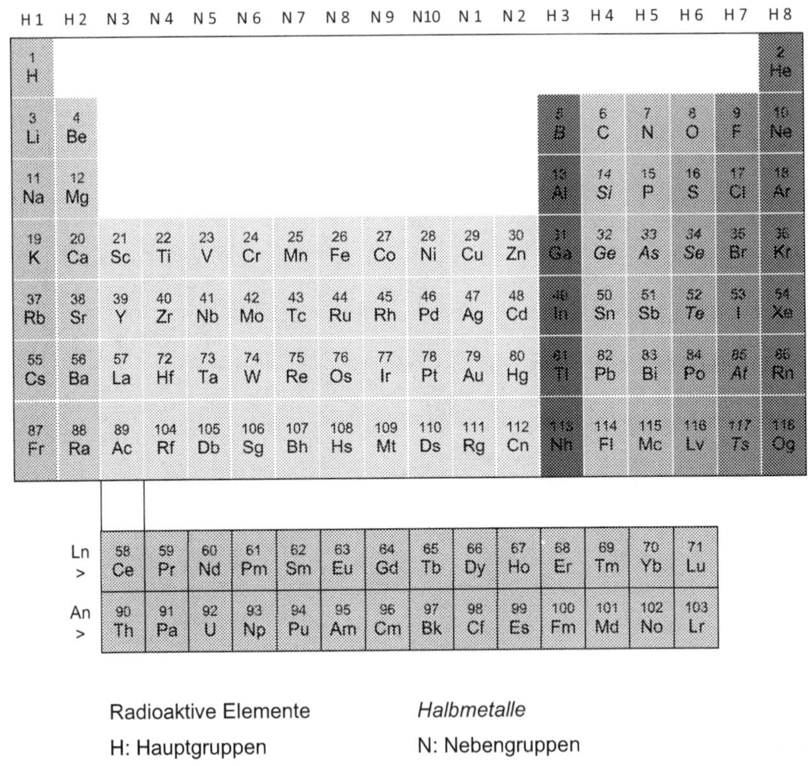

H1	H2	N3	N4	N5	N6	N7	N8	N9	N10	N1	N2	H3	H4	H5	H6	H7	H8
1 H																	2 He
3 Li	4 Be											5 *B*	6 C	7 N	8 O	9 F	10 Ne
11 Na	12 Mg											13 Al	14 *Si*	15 P	16 S	17 Cl	18 Ar
19 K	20 Ca	21 Sc	22 Ti	23 V	24 Cr	25 Mn	26 Fe	27 Co	28 Ni	29 Cu	30 Zn	31 Ga	32 *Ge*	33 *As*	34 *Se*	35 Br	36 Kr
37 Rb	38 Sr	39 Y	40 Zr	41 Nb	42 Mo	43 Tc	44 Ru	45 Rh	46 Pd	47 Ag	48 Cd	49 In	50 Sn	51 Sb	52 *Te*	53 I	54 Xe
55 Cs	56 Ba	57 La	72 Hf	73 Ta	74 W	75 Re	76 Os	77 Ir	78 Pt	79 Au	80 Hg	81 Tl	82 Pb	83 Bi	84 Po	85 *At*	86 Rn
87 Fr	88 Ra	89 Ac	104 Rf	105 Db	106 Sg	107 Bh	108 Hs	109 Mt	110 Ds	111 Rg	112 Cn	113 Nh	114 Fl	115 Mc	116 Lv	117 *Ts*	118 Og

Ln >	58 Ce	59 Pr	60 Nd	61 Pm	62 Sm	63 Eu	64 Gd	65 Tb	66 Dy	67 Ho	68 Er	69 Tm	70 Yb	71 Lu
An >	90 Th	91 Pa	92 U	93 Np	94 Pu	95 Am	96 Cm	97 Bk	98 Cf	99 Es	100 Fm	101 Md	102 No	103 Lr

Radioaktive Elemente   *Halbmetalle*

H: Hauptgruppen   N: Nebengruppen

Abb. 1.1 Periodensystem der Elemente

2 Vorkommen

Zink ist mit einer Konzentration von 120 ppm in der Erdhülle noch relativ häufig, dagegen sind Cadmium und Quecksilber mit Anteilen von 0,3 bzw. 0,4 ppm selten. Copernicium ist nur durch künstliche Kernreaktionen und auch dann nur in Mengen weniger Atome zugänglich.

H. Sicius, *Zinkgruppe: Elemente der zweiten Nebengruppe*, essentials,
DOI 10.1007/978-3-658-17868-0_2

3 Herstellung

Zink erhält man zunächst durch Rösten von Zinksulfid und Aufarbeitung des dabei entstehenden Zinkoxids nach verschiedenen Verfahren. Oft erzeugt man am Schluss noch sehr reines Elektrolysezink. Cadmium ist ein steter Begleiter des Zinks und fällt bei dessen Aufarbeitung entweder als Metall an, das destillativ vom begleitenden Zink getrennt werden muss, oder man reichert Cadmium in Form seines Sulfats an, reduziert es durch Zugabe von Zink zu Rohcadmium, das dann geeignet aufgearbeitet wird. Quecksilber stellt man durch Rösten von Zinnober (Quecksilbersulfid) her.

H. Sicius, *Zinkgruppe: Elemente der zweiten Nebengruppe*, essentials,
DOI 10.1007/978-3-658-17868-0_3

4 Eigenschaften

Die physikalischen Eigenschaften sind auch in dieser Gruppe mit nur wenigen Ausnahmen regelmäßig nach steigender Atommasse abgestuft. Vom Zink zum Quecksilber nimmt die Dichte zu, während Schmelzpunkte und -wärmen sowie Siedepunkte und Verdampfungswärmen, entgegen dem in den Nebengruppen 3 bis 10 zu beobachtenden Trend, abnehmen. Die chemische Reaktionsfähigkeit geht vom Zink zum Quecksilber deutlich zurück.

H. Sicius, *Zinkgruppe: Elemente der zweiten Nebengruppe,* essentials,
DOI 10.1007/978-3-658-17868-0_4

5 Einzeldarstellungen

Im folgenden Teil sind die Elemente der Zinkgruppe (2. Nebengruppe) jeweils einzeln mit ihren wichtigen Eigenschaften, Herstellungsverfahren und Anwendungen beschrieben.

5.1 Zink

Symbol:	Zn		
Ordnungszahl:	30		
CAS-Nr.:	7440-66-6		
Aussehen:	Blaugrau metallisch	Zink, 10 g-Pellet (Metallium Inc. 2016)	Zink, 30 g-Pellet (Images-of-elements.com 2016)
Entdecker, Jahr	Indien (17.Jahrhundert)		

Wichtige Isotope [natürliches Vorkommen (%)]	Halbwertszeit (a)	Zerfallsart, -produkt
$^{64}_{30}Zn$ (48,6)	Stabil	-----
$^{66}_{30}Zn$ (27,9)	Stabil	-----
$^{v68}_{30}Zn$ (18,8)	Stabil	-----

Massenanteil in der Erdhülle (ppm):	120
Atommasse (u):	65,38
Elektronegativität (Pauling ♦ Allred&Rochow ♦ Mulliken)	1,65 ♦ K. A. ♦ K. A.
Normalpotential: $Zn^{2+} + 2\ e^{-} > Zn$ (V)	–0,793
Atomradius (berechnet) (pm):	135 (142)
Van der Waals-Radius (pm):	139
Kovalenter Radius (pm):	122
Ionenradius (Zn^{2+}, pm)	74

H. Sicius, *Zinkgruppe: Elemente der zweiten Nebengruppe*, essentials,
DOI 10.1007/978-3-658-17868-0_5

Elektronenkonfiguration:	[Ar] $3d^{10} 4s^2$
Ionisierungsenergie (kJ / mol), erste ♦ zweite:	906 ♦ 1733
Magnetische Volumensuszeptibilität:	$-1{,}6 \cdot 10^{-5}$
Magnetismus:	Diamagnetisch
Kristallsystem:	Hexagonal
Elektrische Leitfähigkeit([A / (V · m)], bei 300 K):	$1{,}67 \cdot 10^7$
Elastizitäts- ♦ Kompressions- ♦ Schermodul (GPa):	108 ♦ 70 ♦ 43
Vickers-Härte ♦ Brinell-Härte (MPa):	32 (?) ♦ 327-412
Mohs-Härte	2,5
Schallgeschwindigkeit (longitudinal, m/s, bei 293,15 K):	3700
Dichte (g / cm^3, bei 293,15 K)	7,14
Molares Volumen (m^3 / mol, im festen Zustand):	$9{,}16 \cdot 10^{-6}$
Wärmeleitfähigkeit [W / (m · K)]:	120
Spezifische Wärme [J / (mol · K)]:	25,47
Schmelzpunkt (°C ♦ K):	419,5 ♦ 692,65
Schmelzwärme (kJ / mol)	7,4
Siedepunkt (°C ♦ K):	907 ♦ 1180
Verdampfungswärme (kJ / mol):	115

Geschichte

In der Antike kannte man bereits Messing, in dem Zink mit Kupfer legiert ist. Erst im 17. Jahrhundert aber entdeckte man es in Indien als eigenständiges Element. In England ging Mitte des 18. Jahrhunderts die erste Zinkhütte in Betrieb, etwa 70 bis 100 Jahre später folgten Produktionsstätten in Schlesien, Sachsen und im Gebiet des heutigen Nordrhein-Westfalen.

Vorkommen

Zink kommt in der Erdkruste immerhin noch häufiger vor als Kupfer oder Blei und steht an 24. Stelle aller Elemente. Wegen seines unedlen Charakters findet man es nur vereinzelt in elementarer Form; es ist aber als Mineral anerkannt. Viel öfter tritt es chemisch gebunden in Erzen auf. Hierzu zählen beispielsweise Sphalerit bzw. Wurtzit (α- bzw. β-Zinksulfid), außerdem „Galmei" [eine historische Bezeichnung sowohl für Smithsonit (Zinkspat, $ZnCO_3$) als auch für Willemit (Zn_2SiO_4) (Weiß 2002)]. Selten kommen Zinkit (Zinkoxid, ZnO), Adamin [$Zn_2(AsO_4)(OH)$], Minrecordit [$CaZn(CO_3)_2$], Hemimorphit [$Zn_4(OH)_2(Si_2O_7)$] oder auch Franklinit (Mischoxid von Zink, Mangan und Eisen) vor. Man kennt aktuell rund 300 verschiedene Zinkminerale.

Die größten Vorkommen befinden sich in Australien, Nordamerika, China, Peru, Indien und Kasachstan. Die jährlichen Fördermengen (2013) in diesen Ländern liegen bei 5 Mio. t (China), 1,52 Mio. t (Australien), 1,35 Mio. t (Peru), 0,79 Mio. t (Indien), 0,78 Mio. t (USA), 0,64 Mio. t (Mexiko) usw. (Tolcin 2015). Die deutschen Lagerstätten sind durch frühere Ausbeutung nur noch von historischem Interesse. Auch die europäischen Vorkommen bzw. Produktionsbetriebe beschränken sich auf einzelne Minen bzw. Recyclingbetriebe in Schweden, Bulgarien, Finnland, Polen, Irland und der Schweiz.

Gewinnung

Zink erhält man oft durch Rösten von Zinksulfid an der Luft, wobei Zinkoxid gebildet wird. Das gleichzeitig entstehende Schwefel-IV-oxid verarbeitet man weiter zu Schwefelsäure. Ist dagegen Zinkspat das Ausgangsmaterial, so wird dieses stark erhitzt. Unter Abgabe von Kohlendioxid entsteht ebenfalls Zinkoxid. Dieses arbeitet man dann nach einem der beiden unten genannten Verfahren auf.

Nach dem **trockenen Verfahren** stellt man nur noch einige Prozent der weltweit erzeugten Zinkmenge her. Dabei erhitzt man ein Gemisch aus Zinkoxid und fein gemahlener Kohle in einem Gebläseschachtofen auf Temperaturen von 1100 bis 1300 °C. Das bei diesem Prozess zunächst entstehende Kohlenmonoxid reduziert Zinkoxid zu Zinkmetall, das gasförmig entweicht:

$$CO + ZnO \rightarrow CO_2 + Zn \uparrow$$

Das Kohlendioxid komproportioniert mit der Kohle wieder zu Kohlenmonoxid, das in den Kreislauf zurückgelangt (Boudouard-Gleichgewicht).

In den Zinkdampf sprüht man flüssiges Blei ein und kondensiert Zink auf diese Weise aus. Dieses Rohzink ist noch stark durch Blei, Eisen und Cadmium verunreinigt und wird deshalb durch fraktionierte Destillation aufgearbeitet. In der ersten Stufe destilliert man zunächst die sehr flüchtigen Metalle Zink und Cadmium ab, wogegen Blei und Eisen zurückbleiben. Die zweite Stufe beinhaltet eine Feindestillation von Cadmium und Zink, deren Siedepunkte etwa 140 °C auseinanderliegen. Das tiefer siedende und daher zuerst verdampfende Cadmium sammelt man in Form von Staub. Zink geht erst bei höherer Temperatur über und kann durch dieses Verfahren auf einen Reinheitsgrad von bis zu 99,99 % (Feinzink) gebracht werden.

Beim mit Abstand vorherrschenden **nassen Verfahren** löst man das noch verunreinigte Zinkoxid in verdünnter Schwefelsäure. Eventuell mit in Lösung gegangene, aber edlere Metalle wie beispielsweise Cadmium fällt man durch Zusatz von Zinkpulver wieder aus. Danach elektrolysiert man die Zinksulfatlösung unter Einsatz von Bleianoden und Aluminiumkathoden. An der Kathode schlägt sich Zink mit einem Reinheitsgehalt von ebenfalls 99,99 % nieder.

Eigenschaften

Physikalische Eigenschaften: Das bläulich-weiße Metall ist bei Raumtemperatur und bei Temperaturen oberhalb von 200 °C relativ spröde und kristallisiert hexagonal-dichtest. Bei Temperaturen zwischen 100 und 150 °C ist es aber sehr dehnbar und kann unter diesen Bedingungen zu Blechen gewalzt und zu Drähten gezogen werden. Zink ist nach Silber, Kupfer, Gold und Aluminium der fünftbeste Elektrizitätsleiter (Hartwig 2006).

Man kennt 29 Isotope und zusätzlich zehn Kernisomere im Bereich von $^{54}_{30}Zn$ bis $^{83}_{30}Zn$, von denen die fünf in der Natur vorkommenden Isotope ($^{64}_{30}Zn$, $^{66}_{30}Zn$, $^{67}_{30}Zn$, $^{68}_{30}Zn$ und $^{70}_{30}Zn$) alle stabil sind. Das noch beständigste radioaktive und nur künstlich darzustellende Isotop ist der β- und γ-Strahler $^{65}_{30}Zn$, der eine Halbwertszeit von 244 d besitzt und als Tracer eingesetzt wird. Das natürlich auftretende Isotop $^{67}_{30}Zn$ kann mittels NMR-Spektroskopie vermessen werden.

Chemische Eigenschaften: Zink ist aufgrund seines stark negativen Normalpotentials ein unedles Metall, bildet aber an der Luft eine aus basischem Zinkcarbonat bestehende Schutzschicht und kann deshalb als Korrosionsschutz für Eisen verwendet werden. (Das sehr wirksame Feuerverzinken beinhaltet das Eintauchen der Stahlteile in flüssiges Zink, wodurch sich an der Grenzfläche beider Metalle eine widerstandsfähige Legierung aus Eisen und Zink bildet. Darüber befindet sich eine Schicht reinen Zinks, die wiederum noch die oben beschriebene Deckschicht ausbildet.)

Zink ist leicht in Säuren unter Bildung von Zink-II-salzen löslich, aber auch in Laugen, wobei Zinkate ($[Zn(OH)_4]^{2-}$) entstehen. Zinkoxid reagiert somit amphoter, ähnlich wie Aluminiumoxid. Nur sehr reines Zink (99,999 %) ist kaum oder gar nicht löslich in verdünnten Mineralsäuren. Dies liegt an einer hohen Wasserstoffüberspannung und einer dies bedingenden kinetischen Hemmung der Entladung von H_3O^+-Ionen auf der Oberfläche des Zinks. Fast ausschließlich tritt Zink in seinen Verbindungen mit der Oxidationsstufe +2 auf.

Pulverförmiges Zink ist hochreaktiv und kann sich sowohl an Luft spontan entzünden als auch mit Wasser unter Bildung von Zinkhydroxid und Wasserstoff reagieren.

Verbindungen

Verbindungen mit Chalkogenen: Zinkoxid (ZnO) kommt natürlich in Form des Minerals Zinkit (Rotzinkerz) vor. Synthetisch stellt man es entweder in Form von „Zinkweiß“ oder „Zinkoxid“ her. Ersteres erzeugt man aus dem in Frankreich verbreiteten Verfahren, das die Reaktion von Zinkdampf mit Luftsauerstoff beinhaltet. „Zinkoxid“ erhält man nach dem „amerikanischen Verfahren“ entweder durch Rösten von Zinkerz und -schrott, daran anschließende Reduktion mit Kohle mit folgender Reoxidation oder aber durch Fällung als Hydroxid oder Carbonat aus Zinksalzlösungen (I) und anschließendes Erhitzen des abfiltrierten Zinkhydroxids bzw. -carbonats (II):

(I) $ZnSO_4 + 2\,NaOH \rightarrow Zn(OH)_2 \downarrow + Na_2SO_4$
(II) $Zn(OH)_2 \rightarrow ZnO + H_2O \uparrow$

Oft enthält industriell hergestelltes Zinkoxid noch unzulässig hohe Gehalte an Blei. Sehr dünne Schichten mit rauer Oberfläche, die man in Solarzellen einsetzt, können durch Abscheidung aus der Gasphase (CVD) erzeugt werden. Insgesamt liegt die jährliche Produktionsmenge bei ca. 1,5 Mio. t, etwa ein Sechstel davon wird in Europa verbraucht.

Zinkoxid ist ein weißes Pulver der Dichte 5,61 g/cm^3, das oberhalb einer Temperatur von 1300 °C schon einen merklichen Dampfdruck aufweist und unter Normaldruck bei einer Temperatur von etwa 1800 °C sublimiert (vgl. Abb. 5.1). Ein Schmelzen von Zinkoxid erfolgt erst unter erhöhtem Druck bei ca. 1975 °C. Starkes Erhitzen ändert seine Farbe nach Zitronengelb, beim Abkühlen entsteht aber wieder das weiße Pulver. Zinkoxid ist ein direkter Halbleiter mit einer – allerdings großen – Bandlücke von 3,2–3,4 eV und ist darüber hinaus wegen der asymmetrischen Elementarzelle piezoelektrisch. Die Halbleitereigenschaften der Verbindung kann man aber durch Dotierung mit aluminiumdotiertem Zinkoxid oder Bor verbessern. Die sonst so häufig für p-Dotierungen eingesetzten Metalle Indium oder Gallium haben hier keine Anwendung.

Zinkoxid ist in Wasser unlöslich, aber Säuren lösen es unter Bildung von Zink-II-salzen. Ebenfalls löslich ist es in einem Überschuss an Base, zum Beispiel einem Alkalihydroxid, zum jeweiligen Zinkat. Erhitzen von Zinkoxid mit Cobalt-II-salzen

Abb. 5.1 Zinkoxid. (Walkerma 2005)

führt zur Bildung von Rinmans Grün (siehe Band „Cobaltgruppe, Elemente der neunten Nebengruppe“, ISBN 978-3-658-16345-7).

Zinkoxid ist zwar weniger deckend als Bleiweiß, wird aber unter den Namen Zinkweiß, Chinesischweiß, Ewigweiß oder Schneeweiß verbreitet als gegenüber Licht und Schwefelwasserstoff beständiges, mit anderen Farben verträgliches Pigment in Malerfarben eingesetzt. In alkalischen Bindemitteln reagiert es teilweise zu löslichem Zinkat, und in Öl entstehen zu einem gewissen Grad Zinkseifen. Mit Zinkweiß arbeitet man schon seit der Antike, aber erst ab Ende des 18. Jahrhunderts ersetzte es das giftige Bleiweiß. Seit den 1830er Jahren setzte man es sowohl in Öl- als auch Wasserfarben ein. Heutzutage verliert es gegenüber Titan-IV-oxid („Titanweiß“) an Bedeutung.

Aktuelle Forschungen des Paul-Scherrer-Instituts zielen darauf ab, unter Verwendung von Zinkoxid solare in chemische Energie umzuwandeln. Sonnenlicht wird auf einen mit Zinkoxid beschichteten Tiegel fokussiert. Bei den herrschenden sehr hohen Temperaturen verdampft Zinkoxid und wird in Zink und Sauerstoff zerlegt. Das sofort verdampfende Zink wird kondensiert und dient als Rohstoff für so genannte „Zink-Luft-Batterien“. Ferner enthalten die transparenten leitenden Schichten von Leuchtdioden, Solarzellen und Flüssigkristallanzeigen Zinkoxid in seiner Funktion als Halbleiter, meist ist es dann mit Aluminium zwecks Erzielung einer wesentlich höheren Leitfähigkeit dotiert.

Zinkoxid wirkt antiseptisch und ist daher gelegentlich in Wundpräparaten enthalten, auch solchen für die Behandlung von Zähnen. In Zinksalben, -pasten und -pflaster eingesetzt, trocknet es die Haut aus und unterbindet die Bildung von Ekzemen und Mykosen. Ferner ist es in Sonnenschutzpräparaten enthalten und wird in großen Mengen als Aktivator bei der Vulkanisation von Kautschuk zugesetzt (Krug et al. 2016). Es dient auch als Korrosionsschutzmittel in Kühlkreisläufen von Siedewasserreaktoren.

Zinkoxidhaltige Nanopartikel fungieren seit Neuerem als UV-Absorber in Lebensmittelverpackungen. Zinkoxid ist Katalysator bei der Synthese von Methanol, bei Hydrierungen und Fettspaltungen. Es ist einer der Rohstoffe in Trocknungsmitteln (Sikkativen), Kitten, Pudern, Klebstoffen und Fotokopierpapier, um nur noch einige seiner weiteren Anwendungen zu nennen.

Das weiße *Zink-II-sulfid (ZnS)* kommt natürlich in Form des kubisch kristallisierenden Sphalerits (Zinkblende, α-Zinksulfid) und Wurtzit (β-Zinksulfid) mit hexagonaler Kristallstruktur vor (Schröcke und Weiner 1981, S. 142 und 177); letztere ist die Hochtemperaturmodifikation und bei Raumtemperatur metastabil. Die Umwandlung von Sphalerit in Wurtzit beginnt erst oberhalb einer Temperatur von 1185 °C. Bei einem hohen Druck von 15 MPa liegt der Schmelzpunkt von Wurtzit bei 1850 °C, ansonsten sublimiert Wurtzit schon oberhalb von 1200 °C.

Zinksulfid ist ein II-VI-Verbindungshalbleiter mit der relativ großen Bandlücke von 3,54 eV (20 °C) und einer Dichte von 4,1 g/cm³.

Die Darstellung ist durch Schmelzen von Zink mit Schwefel möglich, ebenso durch Reaktion von Zinkoxid mit Schwefel in ammoniakalischem Medium oder durch Umsetzung einer ammoniumgepufferten wässrigen Lösung von Zinksulfat mit Ammoniumsulfidlösung oder Schwefelwasserstoff (Brauer 1978, S. 1027).

Zinksulfid wird durch Dotieren mit Al^{3+}- und/oder Cu^{+}- oder Ag^{+}-Ionen lumineszierend und wird zum Beispiel in Bildröhren oder nachleuchtenden Zifferblättern von Uhren eingesetzt. Die Verbindung hat einen hohen Brechungsindex, deshalb erzeugt man optische Spiegel bzw. Reflektoren durch Aufdampfen dünner Schichten im Vakuum. Sie ist ferner sehr durchlässig für Infrarotlicht und findet verstärkt in Nachtsichtkameras Verwendung, jedoch muss man aus Zinksulfid bestehende Fenster gründlich entspiegeln.

Eine Mischung aus ausgefälltem Bariumsulfat und Zinksulfid heißt Lithopone und wird in Anstrichfarben als Weißpigment verwendet. Ein Nachteil bei Außenanstrichen ist die mäßige Stabilität von Zinksulfid gegenüber Sauerstoff, da jenes langsam zu löslichem Zinksulfat oxidiert wird (Prabhu et al. 1984).

Zinkselenid (ZnSe) ist ein zitronengelbes Pulver der Dichte 5,42 g/cm³, das bei Temperaturen >1100 °C schmilzt. Es kommt natürlich in Form des Minerals Stilleit vor. Man kann die Verbindung durch Einleiten von Selenwasserstoff in eine wässrige Lösung von Zinksulfat darstellen. Alternativ erhitzt man ein aus Zinkoxid, Zinksulfid und Selen bestehendes Gemisch auf etwa 800 °C, oder man erhitzt Zinksulfid mit Selen-IV-oxid (Brauer 1978, S. 1028);

$$ZnS + SeO_2 \rightarrow ZnSe + SO_2$$

Zinkselenid kristallisiert entweder im Zinkblende- oder Wurtzit-Typ.

Unter Verwendung von Zinkselenid erzeugt man hochreflektive Oberflächen, wozu man es in dünnen Schichten abwechselnd mit anderen Substanzen, beispielsweise Kryolith, im Vakuum aufdampft. Im Gegensatz zu gewöhnlichem Glas ist es sowohl für Infrarot- als auch sichtbares Licht durchlässig (vgl. Abb. 5.2). Daher setzt man es unter anderem zur Produktion optischer Fenster und Fokussierlinsen für Laserlicht ein. Wegen seiner Transparenz für Infrarotlicht (Sauer 2008) ist es speziell für die ATR-Spektroskopie interessant, bei der man es als stark lichtbrechenden, aber infrarotdurchlässigen Messkristall (Irtran-1) verwendet. Zu vermeiden ist unbedingt der Kontakt mit starken Säuren und Basen, da diese die Oberfläche ätzen, den Kristall somit unbrauchbar machen und, im Fall von Säuren, daneben auch noch sehr giftigen Selenwasserstoff freisetzen.

Zinkselenid ist ein II-IV-Verbindungshalbleiter mit einer direkten Bandlücke von 2,7 eV.

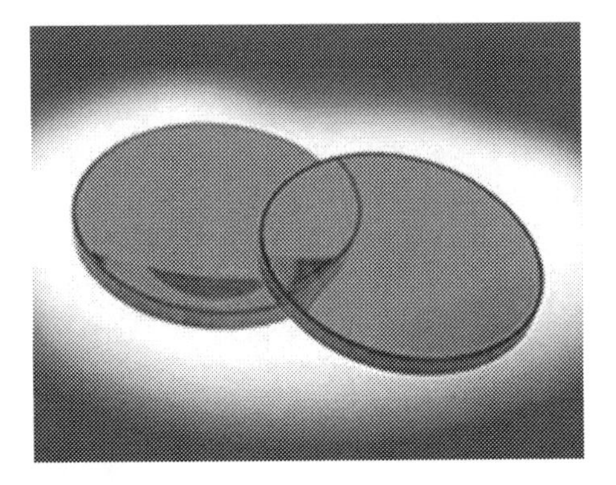

Abb. 5.2 Zinkselenidfenster. (Edmund Optics, Vereinigtes Königreich 2017)

Das graue *Zinktellurid (ZnTe)* wird beim Zerreiben rot, hat eine Dichte von 6,34 g/cm^3 und schmilzt bei 1240 °C. Man erzeugt es durch gemeinsames Schmelzen von Zink- und Tellurpulver im Vakuum bei Temperaturen zwischen 800 und 900 °C (Brauer 1978, S. 1030). Wie Zinkselenid muss es unter Ausschluss von Feuchtigkeit aufbewahrt werden. Die kristalline Verbindung ist ein direkter Halbleiter mit einem Bandabstand von ca. 2,25 eV und ist wie das Zinkselenid ein II-VI-Verbindungshalbleiter. Dotiertes Zinktellurid dient zur Herstellung blauer Leuchtdioden, Laserdioden und Solarzellen (Amin et al. 2007). In Form von Mischverbindungen mit jeweils unterschiedlichen Anteilen von Cadmiumtellurid lässt sich die Bandlücke nahezu passgenau einstellen, womit die optischen Eigenschaften geradezu fein justiert anpassbar sind.

Verbindungen mit Halogenen Zinkfluorid (ZnF_2) bildet farblose Kristalle der Dichte 4,95 g/cm^3, die bei einer Temperatur von 872 °C schmelzen (Siedepunkt der Flüssigkeit 1500 °C). Man gewinnt es durch Reaktion der Elemente miteinander oder durch Umsetzung von Zink mit Fluorwasserstoff, alternativ durch Reaktion von Zinkcarbonat mit Fluorwasserstoff. Die Verbindung kristallisiert im Rutil-Typ und ist, im Gegensatz zu den anderen Zinkhalogeniden, schlecht in Wasser löslich. In Kontakt mit heißem Wasser hydrolysiert es zu Zinkhydroxidfluorid [Zn(OH)F] (Srivastava und Secco 1967). Man verwendet es als Holzschutzmittel und als Ausgangsmaterial zur Herstellung anderer Fluorverbindungen.

Wasserfreies Zinkchlorid ($ZnCl_2$) ist eine weißliche, durchscheinende Masse (Zinkbutter), die bei Temperaturen von 318 °C bzw. 732 °C schmilzt bzw. siedet. Die Verbindung ist äußerst hygroskopisch und sehr leicht löslich Wasser (4300 g/L bei 20 °C!) (vgl. Abb. 5.3).

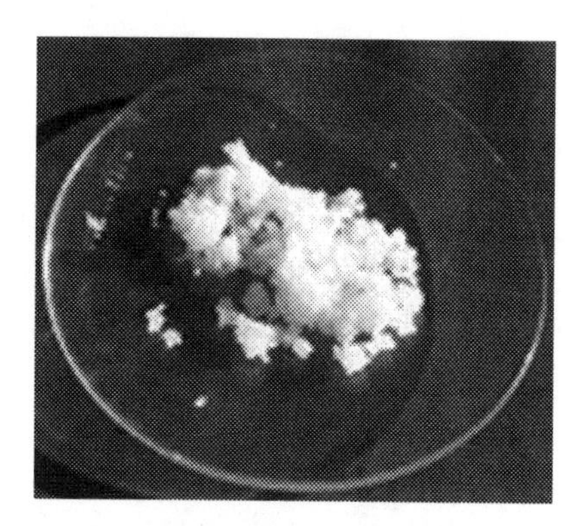

Abb. 5.3 Zinkchlorid. (Walkerma 2005)

Zur Herstellung im kleineren Maßstab setzt man Zink mit Salzsäure um und leitet anschließend Chlor in die Lösung ein, um eisenhaltige Verunreinigungen in Eisen-III-chlorid ($FeCl_3$) zu überführen. Zugabe von Zinkoxid lässt das in Lösung befindliche Eisen als Eisenhydroxid ausfallen. Nach dem Filtrieren verdampft man das Wasser schonend und kann Zinkchlorid in wasserfreiem Zustand sublimieren. Im industriellen Maßstab löst man Zinkoxid bzw. -sulfid in Salzsäure und engt die so gewonnenen Lösungen von Zinkchlorid zur Trockene ein.

Zinkchlorid wirkt stark ätzend und entzieht organischen Materialien stark Wasser. So verkohlt es Holz (!), wandelt Ethanol in Diethylether und Papier in Pergamentpapier um.

Man setzt es daher zum Imprägnieren von Holz ein, ferner zur Herstellung von Pergamentpapier, zum Desinfizieren, zur Konservierung tierischer Stoffe, zum Beizen und Färben von Messing, in der Färberei als Beize für Anilinblau, zur Produktion einiger Teerfarben und schließlich als wasserentziehendes Mittel bei Synthesen sowie als Ätzmittel in der Medizin, um die meisten wichtigen Anwendungen zu nennen.

Aus hoch konzentrierten Lösungen von Zink- und Ammoniumchlorid gewinnt man Lötsalz [$(NH_4)_2ZnCl_4$], das, in Wasser gelöst, oxidische Passivschichten von einem Metallstück entfernt, bevor jenes verlötet oder verzinnt wird. Zinkchlorid löst unter diesen Bedingungen die betreffenden Metalloxide (beispielsweise Eisen- oder Kupferoxid) infolge Komplexbildung auf und ermöglicht so einen nicht unterbrochenen Kontakt zwischen der Oberfläche des Stahls und dem zum Löten benutzten Zinn, wirkt aber selbst auch ätzend auf freigelegte Metalloberflächen. Daher muss der Einsatz genau dosiert erfolgen. In der Pyrotechnik setzt man zur Erzeugung weißen Rauchs ein Gemisch aus Zinkoxid, Hexachlorethan und pulverförmigem Aluminium ein.

Zugabe von Natronlauge fällt zunächst gallertartiges Zinkhydroxid aus, das sich in einem Überschuss an Lauge unter Bildung des Zinkats löst.

Das wasserfreie *Zinkbromid* ($ZnBr_2$) ist ebenfalls ein weißer, extrem hygroskopischer Feststoff, der sich äußerst leicht in Wasser löst (4470 g/L bei 20 °C!). Man gewinnt die Verbindung durch Reaktion von Zink mit Brom bzw. Bromwasserstoffsäure oder durch Umsetzung von Bariumbromid mit Zinksulfat, wobei dann vom ausgefällten Bariumsulfat leicht abfiltriert werden kann (Brauer 1978, S. 1025). Zinkbromid schmilzt bzw. siedet bei 394 °C bzw. 697 °C und hat die Dichte 4,2 g/cm^3.

Es dient als Elektrolyt in Batterien und Akkumulatoren (Winter und Besenhard 1999), ferner als Additiv in Flussmitteln für Lötzwecke und zur eleganten Herstellung von Organozinkverbindungen per Elektrolyse in absolut wasserfreiem Medium (Rjabova 2001). Die wichtigste Anwendung ist die als Verdrängungs- und Reaktionsflüssigkeit bei der Öl- und Gasförderung aus größerer Tiefe.

Zinkiodid (ZnI_2) schmilzt bzw. siedet bei Temperaturen von 446 °C bzw. 625 °C. Die Substanz der Dichte 4,74 g/cm^3 ist ein farbloser Feststoff, der löslich in Wasser und einigen organischen Lösungsmitteln ist. Beim Erhitzen des wasserhaltigen Salzes an der Luft erfolgt hydrolytische Zersetzung; man erzeugt Zinkiodid durch Reaktion von Zink mit Iod unter Zusatz von Wasser (Brauer 1978, S. 1025).

Zinkiodid ist keine salzartige Verbindung mehr, sondern hat stark kovalenten Charakter. Trotzdem setzt man sie gerne in Lehrversuchen zur Elektrolyse als Elektrolyt ein, weil sich der Verlauf der Elektrolyse anhand der Bildung dunkel gefärbten Iods an der Anode gut veranschaulichen lässt. Im Molekülgitter liegen jeweils vier an drei Ecken verbundene Tetraeder vor, die einen „Super-Tetraeder" der Zusammensetzung Zn_4I_{10} bilden. Diese „Super-Tetraeder" haben eine starke strukturelle Ähnlichkeit zu denen des Phosphor-V-oxids (P_4O_{10}). Man verwendet Zinkiodid wegen seiner hohen Absorptionsfähigkeit für Röntgenstrahlung oft als Kontrastmittel in der Diagnostik von Werkstoffen.

Verbindungen mit Pnictogenen: Zinknitrid (Zn_3N_2) stellt man durch Reaktion von Zink oder Zinkoxid mit Ammoniak her (Brauer 1978, S. 1031; Sharma 2007). Auch die Umsetzung von Zinkpulver mit Stickstoff bei erhöhter Temperatur ergibt Zinknitrid. Der grauschwarze, weitgehend gegenüber Luft beständige Feststoff einer Dichte von 6,22 g/cm^3 schmilzt bei einer Temperatur von 600 °C unter Zersetzung. Seine kubische Kristallstruktur ist der von Calciumfluorid verwandt (Zhao et al. 2010).

Die Herstellung von *Zinkphosphid* (Zn_3P_2) kann direkt aus den Elementen erfolgen (Brauer 1978, S. 1031). Das graue, reaktive Pulver schmilzt bei Temperaturen oberhalb von 420 °C (Siedepunkt unter Luftausschluss ca. 1100 °C) und hat eine Dichte von 4,55 g/cm³. Mit Wasser, Säuren, Alkalien und Oxidationsmitteln erfolgt oft heftige Reaktion; meist unter Freisetzung hochgiftiger *Phosphane* (PH_3, P_2H_4). Zinkphosphid verbrennt zu Zink- und Phosphor-V-oxid. Man setzt es als Fraßgift zur Bekämpfung von Wühlmäusen ein. Die Giftwirkung auf Mensch und Säugetiere ist eingehend dokumentiert (Doğan et al. 2014; Amiri et al. 2014; Bildfell et al. 2013; Brutlag et al. 2011).

Zinkarsenid (Zn_3As_2) ist ein grauer, halbleitender Feststoff (II-V-Verbindungshalbleiter; Palik 1998) der Dichte 5,53 g/cm³, der bei einer Temperatur von 1015 °C schmilzt. Bei Raumtemperatur kristallisiert es tetragonal-innenzentriert. Man erzeugt die Verbindung durch Schmelzen von Zink mit Arsen in stöchiometrischem Verhältnis und unter Stickstoff bei etwa 700 °C (Brauer 1975, S. 1033). Bei Kontakt mit Säuren reagiert Zinkarsenid zum jeweiligen Zinksalz und hochgiftigem Arsenwasserstoff; dies ist auch die Grundlage der Anwendung in der Halbleitertechnik, bei der man mit sehr reinem Arsenwasserstoff gezielt Dotierungen eines Basis-Halbleiters durchführt (Stellman 1998; Jones und Hitchman 2009).

Wendet man einen Überschuss von Arsen an, so entsteht schwarzgraues *Zinkdiarsenid* ($ZnAs_2$), das monoklin kristallisiert und bei einer Temperatur von 768 °C schmilzt.

Sonstige Verbindungen: Zinksulfat-Heptahydrat ($ZnSO_4 \cdot 7\,H_2O$) bildet farblose, rhombische Kristalle, die bei mäßigem Erwärmen im eigenen Kristallwasser schmelzen. Bei knapp 700 °C zersetzt es sich zu Zinkoxid und Schwefel-VI-oxid. Man kann es einfach durch Auflösen von Zink oder Zinkoxid in verdünnter Schwefelsäure herstellen. Infolge Hydrolyse reagieren wässrige Lösungen von Zinksulfat schwach sauer.

Man setzt Zinksulfat in der Färberei ein, außerdem bei der Imprägnierung von Holz und Leder. Reinzink gewinnt man durch Elektrolyse wässriger Lösungen von Zinksulfat. Die Verbindung ist in Flammschutzmitteln enthalten und bewirkt, Firnis in geringer Konzentration zugesetzt, ein beschleunigtes Trocknen der Farben bzw. des Leinöls. Zinkionen wirken bakterizid; daher setzt man Zinkoxid und -sulfat in Salben und Augenwässern ein. Weitere Anwendungen sind Textilbeizbäder, Spurennährstoffe, Flotationsmittel, galvanische Verzinkungsbäder, um noch einige, aber nicht alle Einsatzgebiete zu nennen.

Wasserhaltiges *Zinknitrat* [$Zn(NO_3)_2$] entsteht beim Auflösen von Zink in Salpetersäure, wasserfreies dagegen nur durch Umsetzung von Distickstofftetroxid mit Zink. Der farblose, brandfördernde Feststoff zersetzt sich beim Erhitzen unter Bildung von Stickoxiden und Zinkoxid. Es existieren diverse Hydrate (Schmit et al. 2014). Man setzt die Verbindung beispielsweise in Knitterfestausrüstungen für Textilien ein, in galvanischen Bädern und auch in Koagulierungsbädern für Latex, ferner auch als Beizmittel.

Anwendungen

Die Anwendungen für Zink sind nahezu unerschöpflich. Der aktuelle weltweite Jahresbedarf dürfte bei 15 Mio. t liegen, wovon etwa die Hälfte in die Verzinkung von Eisen und Stahl gehen. Sehr oft geht es in Legierungen mit Kupfer (Messing) oder Aluminium. Mit Magnesium hergestellte Legierungen enthalten bis zu 5 % Zink.

Korrosionsschutz: In der Automobilindustrie feuerverzinkt man seit gut 30 Jahren Stahl- und Eisenteile, um sie vor Korrosion zu schützen. Das Verfahren gibt es jedoch schon wesentlich länger. Auf dem Werkteil wird ein Überzug aus metallischem Zink erzeugt, das sowohl eine Barriere bildet als auch bei freiliegenden und benachbarten Eisenteilen Korrosion verhindert, da es als Opferanode wirkt. Beim ältesten Verzinkungsverfahren, dem *diskontinuierlichen Feuerverzinken (Stückverzinken),* taucht man vorgefertigte, aus Stahl gefertigte Bauteile in aus flüssigem Zink bestehende Bäder. Später stellte man das Verfahren auf eine *kontinuierliche* Arbeitsweise um, bei dem man Stahlbänder durchlaufend verzinkt („Bandverzinken“) und danach erst weiter verarbeitet. Die beim diskontinuierlichen Verfahren erzielbaren Dicken der Zinküberzüge variieren von 50 bis 150 µm und können jahrzehntelang vor Korrosion schützen, bei der Bandverzinkung sind nur Dicken von 7 bis 25 µm erzielbar, die naturgemäß eine deutlich verkürzte Schutzdauer bieten. Die Beschichtung kann aber wiederholt werden, und so sind ebenfalls größere Dicken erreichbar.

Beim *galvanischen Verfahren* bringt man die Zinkschicht elektrolytisch auf. Das zu beschichtende Werkstück dient als Kathode, ein Stück reines Zink als Anode. Anlegen einer Gleichspannung bewirkt sowohl die Auflösung der Anode als auch die Bildung eines Überzuges aus Zink auf der Kathode. Die erreichbare Dicke der Zinkschicht beträgt 2,5 bis 25 µm, ist also geringer als die beim diskontinuierlichen Feuerverzinken gebildete. Beim galvanischen Verfahren lohnt sich wegen der hohen Energiekosten aber nicht die Erzeugung größerer Schichtdicken.

Beim *Spritzverzinken* sprüht man geschmolzenes Zink mit Hilfe von Druckluft auf das Werkstück. Ein Vorteil bei der Verwendung hitzeempfindlicher Werkstoffe ist eine geringere thermische Belastung. *Plattieren* ist das mechanische Auftragen von Zink auf die Oberfläche des Werkstücks, das bei Kleinteilen angewandte *Sherardisieren* beinhaltet das Diffundieren von Zink in das Trägermetall des zu beschichtenden Gegenstandes.

Batterien: Das gegenüber Eisen unedlere Zink ist stets die „Opferanode“ und wird bevorzugt oxidiert, wogegen das Eisen bzw. der Stahl unverändert bleibt. Erst wenn das Zink abgetragen ist, wird auch Eisen angegriffen. In Phosphatierungsmitteln sind Zinkverbindungen enthalten.

Zinkmetall stellt die Anode in vielen nicht wiederaufladbaren Batterien und wird in großen Mengen hierfür verbraucht, so in Alkali-Mangan-, Zink-Kohle-, Zink-Luft-, Silberoxid-Zink- und Quecksilberoxid-Zink-Batterien. Zinkmetall ist vergleichsweise billig, seine Verbindungen sind nicht sehr toxisch, ist ein gutes Reduktionsmittel und macht relativ hohe Zellspannungen erreichbar. Darüber hinaus ist Zink ein guter elektrischer Leiter und in wässrigen Elektrolyten einigermaßen beständig.

Bau: Bis vor ca. zehn Jahren war noch korrosionsbeständigeres, amalgamiertes Zink im Einsatz, aber Quecksilber wurde seitdem wegen seiner Giftigkeit weitgehend aus den meisten Batterietypen eliminiert. In Zink-Kohle-Batterien verwendetes Zink ist oft becherförmig gestaltet und enthält als Korrosionsschutz geringe Mengen an Cadmium, Blei und/oder Mangan. In Alkali-Mangan-Batterien ist Zinkpulver das Anodenmaterial, unter Beimengung geringer Anteile an Blei, Bismut, Indium, Aluminium und Calcium, um die Korrosionsanfälligkeit zu verringern.

Bleche aus Titanzink sind der vorherrschende Werkstoff, da sie noch beständiger gegenüber Korrosion und zugleich mechanisch wesentlich belastbarer sind als Bleche aus unlegiertem Zink. Man verwendet diese Bleche zum Dachdecken, als Bekleidung von Fassaden, für Regenrinnen und Fallrohre), für Außenfensterbänken oder für diverse Arten von Anschlussstücken. Diese Bleche halten bis zu einem Jahrhundert und benötigen während dieser Zeit kaum oder gar keine Wartung.

Zinkdruckguss: Die im Druckgießverfahren produzierten Teile aus Feinzinklegierungen behalten bei Temperatur- und Druckwechsel weitgehend ihre Maße, sind mechanisch hoch belastbar. Man setzt sie daher oft zur Herstellung von Automobilzubehör und Beschlägen, im Maschinen- und Apparatebau, in Elektrogeräten und Spielwaren ein.

Chemische Synthese: Zinkmetall ist ein wirksames Reduktionsmittel: so reduziert man Carbonylverbindungen zu Alkanen nach Clemmensen, Allylalkohole zu Alkenen (Sarda und Elphimoff-Felkin 1977), Acyloine zu Ketonen (Brückner 2004) und Nitroverbindungen entweder zu Arylaminen, Arylhydroxylaminen (Kamm 1925), Azoarenen (Bigelow und Robinson 1942) oder N,N'-Diarylhydrazinen.

Zinkorganyle sind ausgezeichnete Alkylierungsmittel und wirken selektiver als Grignard-Verbindungen, die gewisse funktionelle Gruppen nicht angreifen und oft auch stereoselektiv reagieren. Dehalogenierungen verlaufen ebenfalls meist glatt (Gronowitz und Raznikiewicz 1964).

Physiologie, Toxizität

Zink ist für den menschlichen Stoffwechsel essenziell, denn es ist Bestandteil einer Vielzahl von Enzymen (RNA-Polymerase, Carboanhydrase). Zink spielt eine zentrale Rolle im Stoffwechsel und ist für das Wachstum der Zellen unverzichtbar. Ein Zinkmangel reduziert die Wirkung zahlreicher Hormone (RHW-Redaktion 2005) und destabilisiert das Immunsystem.

Erwachsene sollten täglich 10 mg (Männer) bzw. 7 mg (Frauen) aufnehmen, Kinder 5–10 mg (Biesalski et al. 2010). Ein stetig zugeführter Überschuss an Zink kann zur Verdrängung des Kupfers und somit zu Störungen der Blutbildung führen. Die allgemein tolerierte Obergrenze des täglichen Bedarfs liegt bei 25 mg Zink. Ab einer Zufuhr von rund 200 mg treten Vergiftungssymptome wie Übelkeit, Erbrechen oder Durchfall auftreten (RWH-Redaktion 2005). Die Einnahme von Zinkpräparaten ist wirklich nur bei Zinkmangel und erhöhtem Zinkbedarf erforderlich.

Vor einigen Jahren durchgeführte Studien zeigten, dass Kinder, die über einen längeren Zeitraum erhöhte Zinkmengen aufnahmen, ihre geistige Leistungsfähigkeit verbesserten.

Zinkmangel ist weit verbreitet und betrifft alle Altersklassen auch in westlichen Ländern (Niestroj 2000). Etwa 30 % der weltweiten Bevölkerung dürfte an Zinkmangel leiden. Symptome sind eine Unterfunktion der Keimdrüsen, Wachstumsstörungen, Blutarmut, Immunschwäche, Haarausfall, trockene Haut und brüchige Nägel (Silvester 2005; Colagar et al. 2009). Da Zink und Kupfer Antagonisten sind, verdrängen hohe Kupferkonzentrationen Zink und umgekehrt; daher kann ein Zinkmangel dann auftreten, falls das Trinkwasser des jeweiligen Haushaltes in kupfernen Leitungsrohren fließt. Hohe Konzentrationen an Eisen haben eine ähnliche Wirkung, denn auch Eisen kann Zink aus dem Organismus verdrängen. Besonders zinkhaltig sind rotes Fleisch, Linsen, Meeresfrüchte, grüner Tee, Wal- und Pekannüsse, Pilze und Käse.

Zinksalze (Zinkacetat, -stearat, -sulfat, -gluconat usw.) wendet man zur Behandlung einer Störung des Kupferstoffwechsels, Morbus Wilson, an, zinkhaltige Salben zur Behandlung von Hautausschlägen. Ein das Abklingen bzw. die Unterdrückung von Erkältungen beschleunigende Wirkung des Zinks konnte bislang nicht eindeutig nachgewiesen werden (Caruso et al. 2007; Marshall 2000).

Analytik

Erhitzt man eine zinkhaltige Probe mit wenigen Tropfen einer Lösung eines Cobaltsalzes auf einer Magnesiarinne in der Flamme eines Bunsenbrenners, so erfolgt schnell die Bildung von Rinmans Grün. Quantitativ lässt es sich durch Titration mit einer EDTA-Maßlösung bestimmen, im Spurenbereich durch Graphitrohr-AAS oder ICP-MS.

5.2 Cadmium

Symbol:	Cd		
Ordnungszahl:	48		
CAS-Nr.:	7440-43-9		
Aussehen:	Silbergrau metallisch	Cadmium-Pellet (MetalliumInc. 2017)	Cadmium-Granalien (periodictable.ru, 2017)
Entdecker, Jahr	Stromeyer und Hermann (Preußen), 1817		
Wichtige Isotope [natürliches Vorkommen (%)]	Halbwertszeit	Zerfallsart, -produkt	
$^{110}_{48}Cd$ (12,49)	Stabil	-----	
$^{111}_{48}Cd$ (12,80)	Stabil	-----	
$^{112}_{48}Cd$ (24,13)	Stabil	-----	
$^{114}_{48}Cd$ (28,73)	Stabil	-----	
Massenanteil in der Erdhülle (ppm):		0,3	
Atommasse (u):		112,414	
Elektronegativität (Pauling ♦ Allred&Rochow ♦ Mulliken)		1,69 ♦ K. A. ♦ K. A.	
Normalpotential: $Cd^{2+} + 2e^- \rightarrow Cd$ (V)		–0,403	
Atomradius (berechnet) (pm):		155 (161)	
Van der Waals-Radius (pm):		158	
Kovalenter Radius (pm):		144	
Ionenradius (Cd^{2+}, pm)		92	
Elektronenkonfiguration:		[Kr] $4d^{10}\,5s^2$	
Ionisierungsenergie (kJ / mol), erste ♦ zweite:		868 ♦ 1631	
Magnetische Volumensuszeptibilität:		$-1{,}9 \cdot 10^{-5}$	
Magnetismus:		Diamagnetisch	
Kristallsystem:		Hexagonal	
Elektrische Leitfähigkeit([A / (V · m)], bei 300 K):		$1{,}43 \cdot 10^7$	
Elastizitäts- ♦ Kompressions- ♦ Schermodul (GPa):		50 ♦ 42 ♦ 14	
Vickers-Härte ♦ Brinell - Härte (MPa):		--- ♦ 203-220	
Mohs-Härte		2	
Schallgeschwindigkeit (longitudinal, m/s, bei 293,15 K):		2310	
Dichte (g / cm^3, bei 293,15 K)		8,65	
Molares Volumen (m^3 / mol, im festen Zustand):		$13{,}00 \cdot 10^{-6}$	
Wärmeleitfähigkeit [W / (m · K)]:		97	
Spezifische Wärme [J / (mol · K)]:		26,02	
Schmelzpunkt (°C ♦ K):		321 ♦ 594	
Schmelzwärme (kJ / mol)		6,2	
Siedepunkt (°C ♦ K):		765 ♦ 1038	
Verdampfungswärme (kJ / mol):		100	

Geschichte

Cadmium wurde 1817 von Strohmeyer und Hermann unabhängig voneinander in unreinem Zinkcarbonat entdeckt. Der Name „Cadmium“ fand aber schon im Mittelalter Verwendung, vermutlich für das homologe Element Zink. Bis Anfang des 20. Jahrhunderts gewann man Cadmium nur in Deutschland.

Vorkommen

Cadmium kommt in der Natur nur sehr selten vor und besitzt an der Erdkruste einen Anteil von nur 0,3 ppm. Bisher sind weltweit nur zwei Fundorte elementaren Cadmiums bekannt. Die cadmiumhaltigen Erze Greenockit (CdS) und Otavit ($CdCO_3$) kommen in sehr geringen Mengen und stets mit den entsprechenden Zinkerzen, wie Sphalerit (ZnS) und Galmei ($ZnCO_3$), vergesellschaftet vor. Cadmium ist aus diesen Erzen aber nicht wirtschaftlich herzustellen.

Gewinnung

Cadmium gewinnt man ausschließlich als Nebenprodukt der Verhüttung von Zink, gelegentlich auch bei derjenigen von Blei und Kupfer. Geringe Mengen erhält man bei der Aufarbeitung von Eisen bzw. Stahl.

Aus dem beim trockenen Verfahren der Zinkgewinnung erhaltenen Gemisch aus Cadmium und Zink destilliert Cadmium wegen seines niedrigeren Siedepunktes zuerst ab. Die aufgefangene Fraktion ist relativ reich an Cadmium, weist aber noch einen gewissen Gehalt an Zink auf. Reduktion mit Sauerstoff zum Gemisch der Metalloxide und deren Reduktion mit Kohle liefert in der Hitze wieder ein Gemisch der Metalle, das sich fraktioniert destillieren lässt. Auf diese Weise führt man die Destillation fort, bis reines Cadmium erhalten wird.

Beim nassen Verfahren der Zinkgewinnung versetzt man die noch mit Cadmiumsulfat verunreinigte Lösung des Zinksulfats mit Zink. So fällt man Cadmium als edleres Metall aus. Das Rohcadmium löst man in Schwefelsäure; aus der so entstandenen Lösung von Cadmiumsulfat gewinnt man durch Elektrolyse mit Anoden aus Aluminium und Kathoden aus Blei reines Elektrolyt-Cadmium.

Eigenschaften

Cadmium ist weich, duktil und silbrig glänzend. Für ein Schwermetall hat es einen tief liegende Schmelz- und Siedepunkte. Das Metall diente in Atomreaktoren zur Moderation des Spaltvorganges, das es einen hohen Einfangquerschnitt für Neutronen aufweist.

An der Luft ist Cadmium beständig, bei erhöhter Temperatur überzieht es sich mit einer Oxidhaut. In der Hitze verbrennt es mit rötlichgelber Flamme zu *Cadmiumoxid (CdO)*. Verdünnte Mineralsäuren lösen es zum jeweiligen

Cadmiumsalz auf. Mit Halogenen in seinen Verbindungen tritt es fast immer in der Oxidationsstufe +2 auf. In chemischer Hinsicht ist es dem Zink sehr verwandt, jedoch löst es sich im Gegensatz zu jenem kaum noch in Alkalilaugen unter Bildung von „Cadmaten".

Verbindungen

Verbindungen mit Halogenen: Cadmiumfluorid (CdF_2) erhält man durch Auflösen von Cadmiumcarbonat in Flusssäure. Der kubisch im Fluorittyp kristallisierende Feststoff schmilzt bei einer Temperatur von 1078 °C (Siedepunkt der Schmelze: 1748 °C) und hat eine Dichte von 6,64 g/cm^3 (Kojima et al. 1968). Man nutzt es in der Halbleitertechnik als Isolator. In dünnen Schichten zeigt es Photolumineszenz. Cadmiumfluorid ist wie viele andere Verbindungen des Elementes sehr giftig, außerdem als krebserregend (Kategorie 1) und mutagen (Kategorie 3A) eingestuft.

Wasserfreies *Cadmiumchlorid ($CdCl_2$)* erzeugt man durch Reaktion erhitzten Cadmiums mit Chlorgas oder bei Temperaturen um 450 °C auch mit trockenem Chlorwasserstoff. Ein elegantes Darstellungsverfahren für das wasserfreie Salz geht von einer Lösung von Cadmiumacetat in wasserfreier Essigsäure aus, das mit Acetylchlorid zur Reaktion gebracht wird (Brauer 1975, S. 1040).

Das Hydrat gewinnt man durch Auflösen von Cadmium oder Cadmiumcarbonat in Salzsäure und nachfolgendes Auskristallisieren. Durch Kochen mit Thionylchlorid kann man das Hydrat vollständig entwässern (Holleman et al. 2007, S. 1490).

Cadmiumchlorid hat, wie es bei sehr vielen Metallsalzen beobachtet wird, wesentlich niedrigere Schmelz- und Siedepunkte als das Fluorid. Das wasserfreie Salz schmilzt bzw. siedet bei Temperaturen von 568 °C bzw. 960 °C und besitzt bei Raumtemperatur eine Dichte von 4,05 g/cm^3. Die farblosen, hygroskopischen und gut wasserlöslichen Kristalle haben eine trigonale Schichtstruktur (Partin und O'Keeffe 1991), in der jedes Cadmiumion oktaedrisch von sechs Chloridionen umgeben ist und in der wiederum jedes Chloridion an der Spitze einer trigonalen Pyramide steht, deren Grundfläche mit drei Cadmiumionen markiert ist (Riedel und Janiak 2007, S. 138). Die Verbindung setzt man beim Galvanisieren ein, außerdem in der Fotografie und zur Herstellung von Pigmenten. Eine besondere Anwendung ist die als Katalysator bei der Biginelli-Reaktion, die 3,4-Dihydropyrimidin-2(1H)-onen liefert. Diese säurekatalysierte Cyclokondensation macht generell durch Umsetzung CH-acider Carbonylverbindungen, aromatischen Aldehyden und Harnstoff bzw. dessen Derivaten eine Vielzahl substituierter Pyrimidin-Derivate zugänglich; oft sind die oben genannten 3,4-Dihydropyrimidinone die Wirkstoffe in Arzneimitteln (Biginelli 1891; Kampe 2005; Hu et al. 1998; Narsaiah et al. 2004).

Cadmiumchlorid ist sehr toxisch und umweltgefährlich, außerdem krebserregend, mutagen und teratogen. Die Verbindung darf man nur in geschlossenen

Anlagen herstellen oder verwenden. Eine Vergiftung schädigt Nieren, Leber und Lunge; am Zahnfleisch bildet sich ein gelber Rand, der durch das Vorhandensein sulfidischer Cadmiumverbindungen gebildet wird. Gegenüber niederen Säugetieren und Meeresorganismen ist es ebenfalls sehr giftig.

Wasserfreies *Cadmiumbromid ($CdBr_2$)* ist bei erhöhter Temperatur aus den Elementen herstellbar, ebenso ist alternativ das Auflösen von Cadmium bzw. Cadmiumcarbonat in Bromwasserstoffsäure in Verbindung mit anschließender Kristallisation oder Kochen mit Thionylbromid möglich. Die perlmuttglänzenden Schuppen der Dichte 5,2 g/cm^3 kristallisieren mit hexagonaler Struktur, schmelzen bei einer Temperatur von 569 °C, sind sehr hygroskopisch und leicht wasserlöslich (950 g/L bei 18 °C) (Brauer 1978, S. 1040). Für die Verbindung sind sehr wenige Einsatzmöglichkeiten beschrieben, so die Herstellung von Bromokomplexen der schweren Übergangsmetalle (Wolfram) sowie früher auch die von Silberbromid-Gelatine.

Cadmiumiodid (CdI_2) hat analoge Zugangsverfahren wie das -bromid, also Reaktion der Elemente miteinander oder Auflösen von Cadmium oder Cadmiumcarbonat in Iodwasserstoffsäure mit anschließender Kristallisation. Das dabei gebildete Hydrat wird mit Thionylchlorid entwässert (Holleman et al. 2007, S. 1490). Im kleineren Maßstab funktioniert die Darstellung aus Cadmiumsulfat und Kaliumiodid gut (Brauer 1978, S. 1043).

Die weiß glänzenden, leicht spaltbaren Plättchen kristallisieren in einer hexagonalen Schichtstruktur (Villars und Cenzual 2006), in der die Iodidionen eine hexagonal-dichteste Kugelpackung bilden, in der jede zweite Oktaederlückenschicht mit Cadmiumionen besetzt ist. Diesen Strukturtyp findet man bei vielen anderen Bromiden, Iodiden, Sulfiden, Seleniden und Telluriden (Riedel und Janiak 2007, S. 138). Nanopartikel mit der Struktur eines geschlossenen Käfigs, also ungefähr der eines Fullerens, erhält man bei der Bestrahlung von Cadmiumiodid mit Elektronen (Tenne et al. 2003).

Die Verbindung schmilzt bzw. siedet bei Temperaturen von 387 °C bzw. 796 °C und hat bei Raumtemperatur die Dichte 5,67 g/cm^3. Sie ist sehr leicht in Wasser löslich (1850 g/L bei 20 °C). Man setzt Cadmiumiodid sehr vereinzelt als Reagenz zum Nachweis von Alkaloiden und Nitrit ein, außerdem bei der Herstellung von Leuchtfarben. Cadmiumiodid ist sehr giftig für Säugetiere und Wasserorganismen.

Verbindungen mit Chalkogenen: Amorphes *Cadmiumoxid (CdO)* ist gelb, in Abhängigkeit von der Teilchengröße auch braun bis schwarz (vgl. Abb. 5.4). Die pulverförmige Substanz der Dichte 6,95 g/cm^3 ist leicht zu Cadmium reduzierbar und in verdünnten Säuren löslich, zudem in Ammoniakwasser und Lösungen von

Abb. 5.4 Cadmiumoxid. (Mangl 2007)

Ammoniumsalzen. Wird die Substanz in einer Sauerstoffatmosphäre stark erhitzt, so erhält man dunkelrotes, kristallines Cadmiumoxid der Dichte 8,15 g/cm^3, das sich bei weiterem Erhitzen ins Schwarze verfärbt (Schulte-Schrepping und Piscator 2002).

Reines Cadmiumoxid in sublimierter, kristalliner Form ist durch Umsetzung von Sauerstoff mit Cadmiumdampf zugänglich, durch thermische Zersetzung von Cadmiumcarbonat oder -nitrat und ebenfalls durch Rösten des Cadmiumsulfids (Holleman et al. 2007, S. 1492). Die Verbindung kristallisiert kubisch in der Natriumchlorid-Struktur und weist stets einen geringen Unterschuss an Oxidionen auf. Die so im Kristallgitter entstehenden Fehlstellen verursachen in Abhängigkeit von der Temperatur auch die jeweils unterschiedlichen Farben (Holleman et al. 2007, S. 1764). Der II-VI-Verbindungshalbleiter hat eine Bandlücke von 2,16 eV (Jefferson et al. 2008). Anwendungen sind die als Bestandteil in Anlaufgläsern sowie die als Hydrierungs- und Dehydrierungskatalysator.

Das in Form der Minerale Hawleyit und Greenockit natürlich vorkommende *Cadmiumsulfid (CdS)* ist ein gelber bis oranger Feststoff vom Sublimationspunkt 980 °C, der aber schon bei Temperaturen oberhalb 450 °C Zersetzung erleidet (vgl. Abb. 5.5). Das zitronengelbe α-CdS kristallisiert in der Wurtzit-Struktur, das scharlachrote β-CdS kubisch, und in Form eines gelbbraunen Pulvers liegt amorphes Cadmiumsulfid vor. Die Verbindung ist nicht löslich in Wasser und nicht brennbar. Sie wird jedoch vermutlich zu Recht als ebenso toxisch wie andere Verbindungen des Elements eingestuft, weil sie nach dem Verschlucken durch Magensäure in lösliche Cadmiumsalze überführt wird und beim Erhitzen zu Schwefel-IV-oxid und ebenfalls löslichem Cadmiumoxid verbrennt.

Man verwendete Cadmiumsulfid lange Zeit als gelbes Pigment; dies ist aber wegen der potenziellen Giftigkeit der Verbindung nicht mehr zulässig.

Abb. 5.5 Amorphes Cadmiumsulfid. (Oelen 2005)

Das heute im Handel befindliche Cadmiumgelb hat eine andere chemische Zusammensetzung.

In seiner Funktion als II-VI-Verbindungshalbleiter setzt man es noch in CIGS-Solarzellen ein, die auf dem in einer sehr geringen und damit kostengünstigen Schichtdicke von 1–2 µm aufgetragenen Werkstoff Kupfer-Indium-Gallium-Diselenid (CIGS) basieren. Diese besitzen im Gegensatz zu kristallinen Silicium-Solarzellen einen Absorber mit direkter Bandlücke. Das Substrat wird zunächst mit Molybdän als Kontaktmaterial beschichtet. Der eigentliche, darauf gelagerte Halbleiter [$Cu(In,Ga)Se_2$] ist ein leicht p-dotierter Absorber. Als darüberliegender n-Halbleiter dient mit Aluminium dotiertes, lichtdurchlässiges Zinkoxid („Fenster"). Zwischen Fenster und Absorber befinden sich Pufferschichten aus *Cadmiumsulfid (CdS)* und undotiertem ZnO.

Auf alten Ölgemälden wandelt sich Cadmiumsulfid während Jahrzehnten bei Kontakt mit Licht und Luft in Cadmiumsulfat um (Van der Snickt et al. 2009).

Das rote *Cadmiumselenid (CdSe)* kristallisiert in einer hexagonalen Wurzitstruktur (Kim et al. 2006) (vgl. Abb. 5.6). Die bei einer Temperatur von >1350 °C schmelzende Verbindung der Dichte 5,81 g/cm^3 ist ebenfalls ein II-VI-Verbindungshalbleiter, wird aber wegen ihrer Giftigkeit nicht hierfür eingesetzt. Cadmiumselenid ist für Infrarot-Licht transparent, weshalb es gelegentlich als Fenstermaterial in IR-Anwendungen benutzt wird.

Die Verbindung wurde schon intensiv auf ihre Eignung als Nanokristall geprüft. In diesem Kleinstmaßstab bestimmt hauptsächlich die Größe des Kristalls die Lage der Energieniveaus der Elektronen und damit die Frequenz absorbierten bzw. emittierten Lichts. Je kleiner der Kristall, desto niedriger ist meist auch die Wellenlänge des ausgesandten Lichts. Daher sind Cadmiumselenid-

Abb. 5.6 Cadmiumselenid. (Cadmiumrot, Almbauer 2015)

Nanopartikel beispielsweise als Biomarker für in-vitro-Untersuchungen oder als Lichtumwandler in Solarzellen im Einsatz (Weiss 2006).

Cadmiumrot vermischt man in zur Verwendung in Malfarben mit Cadmiumsulfid und kann so die gesamte Palette von Gelb bis Dunkelrot abbilden. Die Mischungen sind lichtbeständiger als Zinnober und dürfen, trotz erheblicher Vorbehalte, immer noch in Farbpigmenten – und sogar bei Tätowierungen (!) – eingesetzt werden. Dies gilt nicht für Autolacke und Kunststoffteile.

Cadmiumtellurid (CdTe) ist eine kristalline, schwarze, bei Temperaturen von 1092 °C bzw. 1121 °C schmelzende bzw. siedende Verbindung der Dichte 5,85 g/cm^3. Der direkte II-VI-Verbindungshalbleiter hat bei 27 °C eine Bandlücke von nur noch 1,56 eV, weshalb er in Solarzellen oder Fotodioden eingebaut wird. Darüber hinaus ist es billiger als Silicium, aber nicht von gleicher Leistungsfähigkeit. In Form von mit Quecksilbertellurid gebildeten Mischkristallen dient es als Infrarotdetektor, als Mischkristall mit Zinktellurid resultiert ein sehr wirksamer Detektor für Röntgen- und γ-Strahlen (Brebrick 1988; Capper und Garland 2011).

Für optische Fenster und Linsen wird es wegen seiner potenziellen Gesundheitsschädlichkeit nur noch in geringem Umfang verwendet. Dabei zeigt es neben seiner Halbleitereigenschaft, seines geringen Absorptionsvermögens für Infrarotlicht im Bereich von 800 bis 20.000 (!) nm noch eine weitere, sehr interessante Eigenschaft: Es hat den höchsten linearen elektrooptischen Koeffizienten aller kristallinen II-VI-Verbindungen, sein Brechungsindex variiert also stark und in erster Näherung linear mit einem angelegten elektrischen Feld. Ohne Gegenwart eines elektrischen Feldes liegt der Brechungsindex für Infrarotlicht der Wellenlänge 10 µm bei 2,65. Die Verbindung ist unlöslich in Wasser, aber viele Säuren zersetzen es unter Bildung toxischen Tellurwasserstoffs. Auch Cadmiumtellurid selbst ist, vor allem in Form feinen Staubs, als giftig eingestuft.

Verbindungen mit Pnictogenen Das schwarze, kubisch kristallisierende *Cadmiumnitrid* (Cd_3N_2) ist ein schwarzer Feststoff der Dichte 7,67 g/cm^3, der durch thermische Zersetzung von Cadmiumamid bei 180 °C (Brauer 1975, S. 1044) bzw. Cadmiumazid bei 210 °C (Karau und Schnick 2007) zugänglich ist. Die Verbindung zersetzt sich heftig bei Kontakt mit Luft und Feuchtigkeit, Cadmiumnitrid reagiert nahezu explosionsartig mit verdünnten Säuren und Laugen.

Das dunkelgraue, geruchlose, tetragonal kristallisierende, bei einer Temperatur von 621 °C schmelzende *Cadmiumarsenid* (Cd_3As_2) erhält man durch Umsetzung von Cadmium mit einem mit Arsen-Dampf beladenen Wasserstoff-Strom (Brauer 1975, S. 1047). Kurz unterhalb des Schmelzpunktes zeigt die Verbindung einen Phasenübergang (Hiscocks und Elliott 1969; Freyland et al. 1983). Die Verbindung wird durch Kontakt mit Säuren zersetzt, wobei sich hochgiftiger Arsenwasserstoff bildet.

Das tetragonal kristallisierende, graue *Cadmiumdiarsenid* ($CdAs_2$) erhält man durch gemeinsames Schmelzen von Cadmium und Arsen im entsprechenden stöchiometrischen Verhältnis bei Temperaturen um 650 °C im Vakuum (Brauer 1975, S. 1047).

Cadmiumsulfat ($CdSO_4$) kommt in der Natur in Form der seltenen Minerale Drobecit und Voudourisit vor. Im Labor gewinnt man es durch Auflösen von Cadmiumoxid in verdünnter Schwefelsäure. Das dabei anfallende Hydrat kann durch vorsichtiges Erhitzen im Trockenschrank entwässert werden. Bei Temperaturen oberhalb von 830 °C zersetzt sich die Verbindung in Cadmiumoxid und Schwefel-VI-oxid. Die wässrige Lösung kann zum qualitativen Nachweis von Sulfiden, Fumarsäure oder Resorcin verwendet werden und ist darüber hinaus in galvanischen Elementen (Weston) bzw. Bädern enthalten. Auch Cadmiumsulfat ist als Krebs erzeugend (Kat. 1) und mutagen (Kat. 3A) eingestuft. Seine wässrige Lösung kann durch die Haut resorbiert werden.

Cadmiumnitrat [$Cd(NO_3)_2$] bildet farblose, gut wasserlösliche und an feuchter Luft zerfließliche Hydrate. Oberhalb einer Temperatur von 57 °C werden diese völlig entwässert. Das wasserfreie Salz schmilzt bei 350 °C und hat die Dichte 2,46 g/cm^3; es zersetzt sich in der Hitze zu Cadmiumoxid und nitrosen Gasen. Man stellt Cadmiumnitrat in Form seiner Hydrate durch Auflösen von Cadmium oder seinem Oxid in verdünnter Salpetersäure und anschließender Kristallisation her (Schulte-Schrepping und Piscator 2002). Man nutzt Cadmiumnitrat in der Glas- und Porzellanherstellung zur Erzeugung von Perlmuttglanz und auch in Nickel-Cadmium-Akkumulatoren. Cadmiumnitrat wurde von der ECHA unlängst als unter anderem Krebs erzeugend (Kategorie 1B), mutagen (Kat. 1B) sehr schädlich für innere Organe (H-Sätze 340, 350 und 372) eingestuft.

Anwendungen
Früher hatte Cadmium neben der in niedrigschmelzenden Legierungen zahlreiche Anwendungen, die teils schon oben genannt wurden. Seine starke Giftigkeit führte im Dezember 2011 jedoch zum EU-weiten Verbot, Cadmium und seine Verbindungen zur Herstellung oder Verarbeitung von Schmuck, Lötmetallen und bestimmten Kunststoffen einzusetzen. Verbindungen wie Cadmiumsulfid (gelb), -selenid (rot) und -tellurid (schwarz) sind wichtige II-VI-Halbleiter; man setzt sie daher noch als Nanoteilchen als Quantenpunkte in der Elektrooptik und auch in der Biochemie in-vitro ein.

Analytik
Als Vorprobe auf Cadmium ist die Glühröhrchenprobe hilfreich, bei der die mit Natriumoxalat vermischte Ursubstanz in einem Glühröhrchen erhitzt wird. Das in dem bei hoher Temperatur entstehenden Gemisch enthaltene Cadmiumoxid und -sulfid wird durch Natriumoxalat zu Cadmium reduziert, das verdampft und sich in den kälteren Zonen des Röhrchens als Metallspiegel niederschlägt (Gerdes 2001). Gibt man dann Schwefel zu und glüht erneut, bildet sich in der Hitze rotes und in der Kälte gelbes Cadmiumsulfid.

Einleiten von Schwefelwasserstoff in wässrige Lösungen von Cadmiumsalzen fällt aus diesen gelbes Cadmiumsulfid aus. Quantitativ ist Cadmium sehr gut polarographisch oder inversvoltammetrisch bestimmbar (Heyrovský und Zuman 1959; Neeb 1969), dies trifft auch auf die Graphitrohr-AAS zu (Schwedt 1995).

Physiologie, Toxizität
Cadmium und seine Verbindungen sind meist als giftig oder sehr giftig eingestuft. Es besteht begründeter Verdacht auf karzinogene Wirkung beim Menschen. Innere Organe werden durch Einatmen cadmiumhaltigen Staubs geschädigt. Daher muss die Luft in Arbeitsumgebungen, in denen mit erhitzten Cadmiumverbindungen gearbeitet wird (Lötplätze und Cadmierbäder), zügig ausgetauscht bzw. abgesaugt werden.

Die Verwendung cadmiumhaltiger Lote ist EU-weit seit Dezember 2011 verboten. Zudem dehnte man das Verbot auf PVC-haltige Erzeugnisse mit Ausnahme des PVC-Recyclings aus. Die EU-Verordnung 2016/217 nahm bestimmte cadmiumhaltige Anstrichfarben und Lacke in Anhang XVII der REACH-Verordnung auf. Noch nicht eingeschränkt sind nur Anwendungen, in denen Cadmium aus technischen Gründen noch unverzichtbar ist.

Die Weltgesundheitsorganisation setzte die für Menschen monatlich tolerierbare Aufnahmemenge für Cadmium zuletzt 2013 auf 25 µg/kg Körpergewicht herab, wogegen die Europäische Behörde für Lebensmittelsicherheit schon 2009 als wöchentlich tolerierbare Aufnahmemenge 2,5 µg/kg Körpergewicht als Grenzwert ausgab.

Der Mensch nimmt Cadmium vor allem über Nahrungsmittel auf, wobei vor allem Leber, Pilze, Muscheln, Krebse, Kakaopulver, Leinsamen, Tabak und getrockneter Seetang relativ cadmiumreich sind. Natürlich abgebautes Phosphat, das zu Düngern verarbeitet wird, enthält ebenfalls Cadmium, wobei der Anteil stark von der jeweiligen Lagerstätte abhängig ist. Auch wilde Müllkippen sind eine potenzielle Quelle für die Freisetzung von Cadmium.

Cadmium akkumuliert im Körper, reichert sich also an. Daraus können chronische Vergiftungen resultieren. Cadmium wird in der Leber an schwefelhaltige Eiweiße gebunden, die dabei entstehenden Komplexe werden in der Niere absorbiert. Dadurch werden die Nieren geschädigt. Aus dem Körper wird Cadmium nur sehr langsam wieder ausgeschieden, so kommt es zu Schädigungen dieses Organs mit der Folge einer Proteinurie. Durch diese Proteinbindung wird Cadmium mit einer Halbwertszeit von 30 a nur extrem langsam ausgeschieden (Eisenbrand und Metzler 1994). Darüber hinaus verdrängt Cadmium teilweise Calcium aus Knochen und in der Darmschleimhaut vorkommenden Proteinen, fördert also Osteoporose und chronische Darmerkrankungen. Bei akuten Vergiftungen kann man durch Verabreichung von Penicillamin oder Dimercaprol versuchen, eine beschleunigte Ausscheidung des Elements zu erreichen, weitere mögliche Gegenmaßnahmen sind nicht bekannt (Biesalski et al. 2010).

5.3 Quecksilber

Symbol:	Hg		
Ordnungszahl:	80		
CAS-Nr.:	7439-97-6		
Aussehen:	Silbrigweiß glänzende Flüssigkeit	Quecksilber (checkdent 2017)	Quecksilber (unbekannt)
Entdecker, Jahr	Griechische Antike		
Wichtige Isotope [natürliches Vorkommen (%)]	Halbwertszeit	Zerfallsart, -produkt	
$^{199}_{80}$Hg (16,87)	Stabil	-----	
$^{200}_{80}$Hg (23,10)	Stabil	-----	

$^{201}_{80}Hg$ (13,18)	Stabil	-----
$^{202}_{80}Hg$ (29,86)	Stabil	-----
Massenanteil		0,4
Atommasse (u): in der Erdhülle (ppm):		200,592
Elektronegativität (Pauling ♦ Allred&Rochow ♦ Mulliken)		2,00 ♦ K. A. ♦ K. A.
Normalpotential: $Hg^{2+} + 2e^{-} \rightarrow Hg$ (V)		0,854
Atomradius (berechnet) (pm):		150 (171)
Van der Waals- Radius (pm):		155
Kovalenter Radius (pm):		132
Ionenradius (Hg^{+} / Hg^{2+} pm)		106 / 93
Elektronenkonfiguration:		[Xe] $4f^{14}\,5d^{10}\,6s^{2}$
Ionisierungsenergie (kJ / mol), erste ♦ zweite:		1007 ♦ 1810
Magnetische Volumensuszeptibilität:		$-2{,}8 \cdot 10^{-5}$
Magnetismus:		Diamagnetisch
Kristallsystem (unterhalb von –38,9°C):		Trigonal
Elektrische Leitfähigkeit([A / (V · m)], bei 300 K):		$1{,}04 \cdot 10^{6}$
Elastizitäts- ♦ Kompressions- ♦ Schermodul (GPa):		----- ♦ ----- ♦ -----
Vickers-Härte ♦ Brinell-Härte (MPa):		----- ♦ -----
Mohs-Härte		-----
Schallgeschwindigkeit (longitudinal, m/s, bei 293,15 K):		1407
Dichte (g / cm^3, bei 293,15 K)		13,55
Molares Volumen (m^3 / mol, im festen Zustand):		$14{,}09 \cdot 10^{-6}$
Wärmeleitfähigkeit [W / (m · K)]:		8,3
Spezifische Wärme [J / (mol · K)]:		27,983
Schmelzpunkt (°C ♦ K):		–38,83 ♦ 234,32
Schmelzwärme (kJ / mol)		2,37
Siedepunkt (°C ♦ K):		357 ♦ 630,2
Verdampfungswärme (kJ / mol):		58,2

Geschichte

Quecksilber erzeugte man schon in der Antike, damals durch Verreiben von Zinnober mit Essig oder dessen einfaches Erhitzen. Die Legierung von Quecksilber mit Gold setzte man zum Feuervergolden von Gegenständen ein, wobei Quecksilber verdampfte. Gelegentlich fanden Quecksilberverbindungen als Heilmittel – mit entsprechend negativen Nebenwirkungen – Verwendung (Khadilkar 1947; Almkvist 1948). Ab dem ausgehenden Mittelalter nutzte man Quecksilber als Amalgamierungsmittel zur Gewinnung anderer Metalle. Die drei Elemente des mittelalterlichen Alchemisten waren Quecksilber, Schwefel und Salz.

Vorkommen

Quecksilber kommt elementar in der Natur vor, beispielsweise in Steinkohle, und ist die einzige flüssige Substanz, die als Mineral anerkannt ist. Oft findet man Zinnober *(Quecksilber-II-sulfid, HgS)* in Gebieten erloschener Vulkane (Italien, China, Russland, Algerien, Spanien und Serbien). Im spanischen Almadén befand sich eine der weltweit bedeutendsten Minen für Zinnober (Milara 2011). Seltener kommen Montroydit (HgO) oder Silber- bzw. Kupferamalgame vor. Die internationale Handelseinheit für Quecksilber ist FL („flask“, 34,473 kg oder 76 lbs.).

Gewinnung

Quecksilber erhält man durch Rösten von Zinnober (Schröter und Lautenschläger 1996): $HgS + O_2 \rightarrow Hg + SO_2$

Eigenschaften

Quecksilber ist ein silberweißes, flüssiges Schwermetall der Dichte 13,55 g/cm^3. Die bei den schon ziemlich schweren Atomkernen des Elements und seiner abgeschlossenen d-Elektronenkonfiguration zutage tretenden relativistischen Effekte bewirken eine etwas lockerere „Packung der Atome“, wodurch das Metall eine geringere Dichte hat, als mit ca. 16 g/cm^3 eigentlich zu erwarten gewesen wäre (Calvo et al. 2013). Mit Ausnahme der Edelgase ist Quecksilber das einzige Element, dessen Dampf bei Raumtemperatur einatomig ist.

Quecksilber leitet Strom im Vergleich zu anderen Metallen schlecht, zumindest in flüssigem Zustand (Ziman 1961). Festes Quecksilber leitet den Strom besser und wird unterhalb einer Temperatur von –268,9 °C supraleitend.

Quecksilberatome weisen vollständig gefüllte s- und d-Atomorbitale und sind daher sehr energiearm. Das Leitungsband der Atome ist leer. Die leichteren, bei Raumtemperatur jeweils festen Homologen Zink und Cadmium weisen eine nur sehr geringe Energiedifferenz zwischen Valenz- und Leitungsband auf, und Elektronen gelangen leicht vom Valenz- ins Leitungsband, wodurch eine Metallbindung zustande kommt. Im Unterschied zu diesen besitzt Quecksilber dagegen noch zusätzlich vollständig gefüllte 4f-Orbitale. Die Lanthanoidenkontraktion und relativistische Effekte führen dazu, dass besetzte Orbitale und somit das Valenzband in erster Näherung enger an den Kern herangezogen werden. Die leeren Orbitale, also im näheren Sinne das Leitungsband, aber nicht, wodurch eine hohe Energiedifferenz zwischen Valenz- und Leitungsband resultiert. Dies erklärt sowohl die schlechte elektrische Leitfähigkeit als auch die schwache Bindung zwischen Quecksilberatomen, die sich in einem um mehr als 100 K niedrigeren Schmelzpunkt äußert, als ohne Einfluss relativistischer Faktoren zu erwarten gewesen wäre.

Im Isotopenbereich zwischen $^{175}_{80}Hg$ und $^{208}_{80}Hg$ kennt man bisher 34 Isotope und neun Kernisomere, von denen sieben Isotope stabil sind (mit den Massenzahlen 196, 198, 199, 200, 201, 202 und 204). Die radioaktiven Isotope sind oft nur kurzlebig.

Quecksilber ist ein Halbedelmetall und wesentlich reaktiver als die im Periodensystem benachbarten Edelmetalle wie Platin oder Gold. Es bildet mit vielen Metallen Legierungen, die Amalgame (Simon et al. 2006).

Verbindungen

Verbindungen mit Halogenen: Quecksilber-I-fluorid (Hg_2F_2) gewinnt man als gelblichen, sich im Licht schwarz färbenden Feststoff durch Umsetzung von Quecksilber-I-carbonat mit Fluorwasserstoff (Brauer 1975, S. 252). Die hydrolyseempfindliche, tetragonal kristallisierende Verbindung (Dorm 1971) der Dichte 8,73 g/cm^3 schmilzt bei einer Temperatur von 570 °C unter Zersetzung. Quecksilber-I-fluorid kann man als mildes Fluorierungsmittel einsetzen (Herrmann 1999).

Das weiße, licht- und feuchtigsempfindliche *Quecksilber-II-fluorid (HgF_2)* kristallisiert kubisch (Blachnik 1998, S. 484; Perry 2011, S. 273), schmilzt bei einer Temperatur von 645 °C unter Zersetzung und hat die Dichte 8,95 g/cm^3. Die Verbindung ist durch Reaktion von Quecksilber-II-chlorid mit Fluor zugänglich (I), alternativ durch Umsetzung von Quecksilber-II-oxid mit Fluorwasserstoff (II) oder auch durch Fluorierung von Quecksilber-I-fluorid (III, Brauer 1975, S. 252):

$$\text{(I)}\quad HgCl_2 + F_2 \rightarrow HgF_2 + Cl_2$$

$$\text{(II)}\quad HgO + H_2F_2 \rightarrow HgF_2 + H_2O$$

$$\text{(III)}\quad Hg_2F_2 + F_2 \rightarrow 2\,HgF_2$$

Auch Quecksilber-II-fluorid dient als mildes und daher selektives Fluorierungsmittel (Habibi und Mallouk 1991).

Vor einigen Jahren gab es erste Hinweise auf die Existenz von *Quecksilber-IV-fluorid (HgF_4)*. Nachdem Berechnungen gezeigt hatten, dass HgF_4 (d^8-Konfiguration) stabil sein sollte, ergab die in einer Matrix aus festem Neon und Argon durchgeführte infrarotspektroskopische Untersuchung erste Hinweise auf die Bildung des HgF_4-Moleküls bei Bestrahlung einer Mischung festen Fluors und Quecksilbers mit UV-Licht (Kaupp et al. 2007).

Quecksilber-I-chlorid (Hg_2Cl_2) ist ein farbloser Feststoff der Dichte 7,15 g/cm^3, der sich in Wasser nur sehr wenig löst und bei einer Temperatur von 380 °C sublimiert. Bestrahlung mit Licht führt zur Disproportionierung in Quecksilber und Quecksilber-II-chlorid, weshalb es sich dann ins Dunkle verfärbt. In der Natur kommt die Verbindung als seltenes Mineral Kalomel vor. Man nutzt sie unter anderem in Kalomelelektroden zur Potentiometrie, als Katalysator, zur Schädlingsbekämpfung und sogar noch in der Pyrotechnik für grünleuchtende Fackeln (!), obwohl dabei sicher Quecksilber freigesetzt wird.

Früher wurde Quecksilber-I-chlorid oft in der Medizin eingesetzt, beispielsweise gegen Entzündungen des Nasen-/Rachenraums, gegen Syphilis und gegen Krankheiten innerer Organe als auch gegen Geschwüre, Windpocken und Warzen.

Quecksilber-II-chlorid ($HgCl_2$) erhält man durch Erhitzen von Quecksilber-II-sulfat mit Natriumchlorid (I), durch Chlorieren von Quecksilber-I-chlorid (II) bzw. Quecksilber (III, Brauer 1975, S. 253) oder durch Umsetzung von Salzsäure mit Quecksilber-II-nitrat (IV):

$$\text{(I)}\quad HgSO_4 + 2\,NaCl \rightarrow HgCl_2 + Na_2SO_4$$

$$\text{(II)}\quad Hg_2Cl_2 + Cl_2 \rightarrow 2\,Hg_2Cl_2$$

$$\text{(III)}\quad Hg + Cl_2 \rightarrow HgCl_2$$

$$\text{(IV)}\quad 2\,HCl + 2\,Hg(NO_3)_2 \rightarrow HgCl_2 + 2\,HNO_3$$

Die in Wasser etwas lösliche, farblose, sehr giftige Verbindung der Dichte 5,44 g/cm^3 schmilzt bzw. siedet bei 281 °C bzw. 302 °C. Bereits beim Erhitzen sublimiert das molekular strukturierte (lineare Cl-Hg-Hg-Cl-Moleküle), flüchtige Quecksilber-II-chlorid und wird daher „Sublimat" genannt. In Wasser dissoziiert die Verbindung kaum in Kat- und Anionen; daher leiten wässrige Lösungen der Verbindung den elektrischen Strom kaum.

Hg^{2+}-Ionen hemmen die Permeabilität von Biomembranen gegenüber Wasser (Welsch und Delle 2010). Quecksilber-II-chlorid wirkt fungizid, wird in dieser Funktion wegen seiner Giftigkeit aber nicht mehr eingesetzt. Dies gilt entsprechend für seine Verwendung in der Medizin (Hager et al. 1999). Bis etwa zum Jahr 1900 diente es als Konservierungsmittel für Leichen; man ersetzte es aber dann durch andere Wirkstoffe, weil sich die Haut der Leichen grau verfärbte und weil die Giftigkeit von Quecksilber-II-chlorid bekannt wurde. In Ätzmitteln für die Stahl- und Kupferätzung und als Katalysator bei der Herstellung von Vinylchlorid findet es noch Verwendung.

Die Struktur des festen *Quecksilber-I-bromids* (Hg_2Br_2) beruht wie die des Chlorids auf dem Vorliegen linearer X-Hg-Hg-X-Moleküle (X: Halogen) (Wells 1984). Die als krebserregend (Kat. 3B) eingestufte Verbindung der Dichte 7,3 g/cm^3 schmilzt bei einer Temperatur von 390 °C und kann durch Reaktion von Quecksilber mit Brom in geeigneten Retorten oder durch Zugabe von Alkalibromid zu einer Lösung von Quecksilber-I-nitrat gewonnen werden (Brauer 1978, S. 1052).

Das weiße *Quecksilber-II-bromid* ($HgBr_2$) schmilzt bzw. siedet bei den niedrigen Temperaturen von 238 °C bzw. 319 °C, hat die Dichte 6,1 g/cm^3 und ist sehr giftig. Die Darstellung ist entweder aus den Elementen in Gegenwart von Wasser (Zimmer und Niedenzu 1976) oder durch Bromierung von Quecksilber-I-bromid möglich. Man nutzt es als Katalysator bei der Koenigs-Knorr-Synthese von Glykosiden aus Monosacchariden (Horton 2004; Stick und Williams 2001). Eine Methode zum Nachweis von Arsen beruht auf Quecksilber-II-bromid, da naszierender Wasserstoff Arsen zunächst in Arsenwasserstoff umwandelt, der Quecksilber-II-bromid braunschwarz verfärbt (Pederson 2006; Odegaard und Sadongei 2005).

Das bei Temperaturen von 140 °C bzw. 290 °C schmelzende bzw. siedende *Quecksilber-I-iodid* (Hg_2I_2) hat eine Dichte von 7,7 g/cm^3 und ist aus den Elementen darstellbar. Andere Möglichkeiten der Herstellung sind die Komproportionierung von Quecksilber mit Quecksilber-II-iodid, die Fällung mit stöchiometrischen nicht überschüssigen!- Mengen Iodid aus einer Lösung eines Quecksilber-I-salzes (Riedel und Janiak 2007; Moody 2013, S. 414) oder die von Quecksilber-II-chlorid mit Kaliumiodid in alkoholischer Lösung bei gleichzeitiger Anwesenheit des Reduktionsmittels Zinn-II-chlorid (Kozin und Hansen 2013). Der gelbe, tetragonal kristallisierende Feststoff disproportioniert unter Lichteinwirkung schnell zu Quecksilber und Quecksilber-II-iodid zersetzt und färbt sich beim Erwärmen rot. Aus medizinischen Anwendungen ist es wegen seiner Giftigkeit eliminiert worden (Weller et al. 2014).

Quecksilber-II-iodid (HgI_2) kommt sogar als Mineral Coccinit natürlich vor (vgl. Abb. 5.7). Die Verbindung schmilzt bzw. siedet bei Temperaturen von 259 °C bzw. 354 °C, hat die Dichte 6,27 g/cm^3 und ist durch Reaktion der Elemente miteinander zugänglich. Alternativ lässt es sich durch Zugabe von Quecksilber-II-chlorid zu einer Kaliumiodidlösung als roter Niederschlag ausfällen.

Abb. 5.7 Quecksilber-II-iodid, gelbe β- (links) und rote α-Modifikation (rechts). (Oelen 2008)

Die rote α-Modifikation des Quecksilber-II-iodids verfärbt sich beim Erhitzen bis zum Schmelzpunkt unter Umwandlung in die β-Form gelb (Hager et al. 1999). Für viele Organismen ist es giftig. In überschüssiger Kaliumiodidlösung ist es unter Entstehung von Kaliumtetraiodomercurat-II löslich. In der Veterinärmedizin ist Quecksilber-II-iodid Bestandteil von Wundtinkturen.

Verbindungen mit Chalkogenen Quecksilber-I-oxid (Hg_2O) ist sehr zersetzlich, da es bei Lichteinwirkung oder beim Erhitzen zu Quecksilber und Quecksilber-II-oxid zerfällt. Die Verbindung schmilzt schon bei Temperaturen um 100 °C und hat die Dichte 9,9 g/cm^3. Ein Darstellungsweg ist die Zugabe von Kalilauge zu einer wässrigen Lösung von Quecksilber-I-nitrat:

$$2\,KOH + 2\,HgNO_3 \rightarrow 2\,KNO_3 + Hg_2(OH)_2$$

Das zunächst entstehende *Quecksilber-I-hydroxid [$Hg_2(OH)_2$]* zerfällt zügig unter Abspaltung von Wasser zu Quecksilber-I-oxid, das in Wasser unlöslich, in Salpetersäure aber löslich ist.

Das orangerote *Quecksilber-II-oxid (HgO)* schmilzt bei Temperaturen oberhalb 400 °C unter vorheriger Schwarzfärbung und Zersetzung in Sauerstoff und Quecksilber, hat die Dichte 11,1 g/cm^3 und ist sehr schwer löslich in Wasser (vgl. Abb. 5.8). Auch diese Verbindung ist sehr giftig. Im Molekülgitter liegen sowohl Ketten aus linearen O-Hg-O- als auch leicht gewinkelten Hg-O-Hg-Einheiten vor.

Man kann Quecksilber-II-oxid durch Reaktion von Quecksilber mit Sauerstoff bei Temperaturen >350 °C oder durch Pyrolyse von Quecksilber-II-nitrat herstellen (Brauer 1975, S. 1053). Bei Raumtemperatur ist die trigonal kristallisierende Modifikation am stabilsten, wandelt sich aber oberhalb von 200 °C in die orthorhombische Modifikation um.

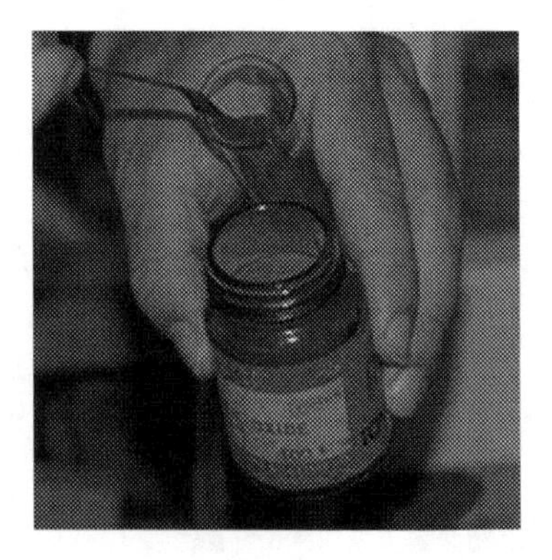

Abb. 5.8 Quecksilber-II-oxid. (Benjah-bmm27, 2006)

Quecksilber-II-oxid eignet sich gut zur Erzeugung sowohl reinen Quecksilbers als auch Sauerstoffs im Labormaßstab. Die für die Verbindung bestehenden H- und P-Sätze sind unbedingt zu beachten! Quecksilber-II-oxid kann auch über die Haut aufgenommen werden. Eine orale Aufnahme des Stoffes kann bis zum Auftreten von Nierenschäden führen. Klinische Überwachung ist erforderlich; Gegenmittel sind medizinische Kohle und Dimercaptopropansulfonsäure.

Quecksilbersulfid (HgS) kommt natürlich in Form dreier Minerale vor, die sich aber auch synthetisch erzeugen lassen (vgl. Abb. 5.9). Der trigonal kristallisierende, rote Cinnabarit ist viel bekannter unter dem Namen Zinnober und wird bei der Reaktion von Schwefelwasserstoff mit Quecksilber-II-acetat in heißer konzentrierter Essigsäure gebildet. Der schwarze Metacinnabarit dagegen hat eine kubische Kristallstruktur; er entsteht beim Einleiten von Schwefelwasserstoff in die wässrige Lösung eines Quecksilber-II-salzes (Brauer 1978, S. 1054). Schließlich existiert noch der hexagonal kristallisierende Hypercinnabarit. Quecksilber-II-sulfid ist ein II-VI-Verbindungshalbleiter mit Schmelz- bzw. Siedepunkt 386 °C bzw. 584 °C und der Dichte 8,1 g/cm³.

$$\mathrm{Hg(CH_3COO)_2 + H_2S \rightarrow HgS + 2\,CH_3COOH}$$

Da die Verbindung extrem schwer löslich in Wasser ist, ist sie nahezu als einzige des Quecksilbers ungiftig und wird auch als rotes Pigment (Zinnoberrot) verwendet. Elementares Quecksilber wird durch Verreiben mit Schwefel in das rote Quecksilbersulfid umgewandelt und kann als dieses entsorgt werden.

Quecksilber-II-selenid (HgSe), das auch natürlich in Form des Minerals Tiemannit vorkommt, erzeugt man durch mehrstufige Reaktion unter Beteiligung

Abb. 5.9 Quecksilbersulfid (Cinnabarit) als Pigment Zinnoberrot. (Zell 2010)

von Salpetersäure, Selen, Quecksilber-II-oxid, Ammoniak und Hydraziniumsulfat (Brauer 1978, S. 1057):

(I) $3\,HgO + Se + 4\,HNO_3 \rightarrow 3\,HgSeO_3 + 4\,NO + 2\,H_2O$
(II) $2\,HgSeO_3 + 3\,(N_2H_6)_2SO_4 + 6\,NH_3 \rightarrow 2\,HgSe + 3\,N_2 + 3\,(NH_4)_2SO_4 + 6\,H_2O$

Alternativ ist auch die Synthese aus den Elementen bei Temperaturen um 600 °C möglich. Der violettschwarze, metallisch glänzende Feststoff der Dichte 8,27 g/cm^3 ist ein II-VI-Halbleiter, kristallisiert im Zinkblende-Gitter (Madelung 2004) und ist im Vakuum bei ca. 600 °C unzersetzt sublimierbar. Es existieren drei Hochdruckmodifikationen (Adachi 2004).

Quecksilbertellurid (HgTe) ist ebenfalls ein direkter II-VI-Halbleiter. Die in der Zinkblende-Struktur kristallisierende Verbindung der Dichte 8,12 g/cm^3 schmilzt bei 673 °C. Man erzeugt es durch Umsetzung von Quecksilberorganylen mit Tellurwasserstoff in Form extrem dünner Schichten (Gasphasenepitaxie) (Capper und Garland 2011).

Sonstige Verbindungen: Quecksilber-II-sulfat ($HgSO_4$) stellt man durch Auflösen von Quecksilber in konzentrierter Schwefelsäure her. Man kann es nur aus schwefelsaurer Lösung auskristallisieren, da es in Wasser zu basischem Sulfat hydrolysiert. Das weißliche Pulver der Dichte 6,47 g/cm^3 zersetzt sich unter Lichteinwirkung sowie bei Temperaturen oberhalb von 450 °C. Mit Alkalisulfaten bildet es Doppel- oder Komplexsalze aus, z. B.: $K_2SO_4 \cdot 3\,HgSO_4$. Man nutzt die Verbindung als Katalysator bei der Synthese von Acetaldehyd aus Ethin und Wasser. Quecksilber-II-sulfat ist als sehr giftig für Mensch und Tier sowie als umweltschädlich eingestuft.

Quecksilber-II-nitrat [$Hg(NO_3)_2$] erhält man durch Auflösen von Quecksilber in heißer, konzentrierter Salpetersäure. Auch hier kann man das reine, kristalline Produkt nur aus saurer Lösung erhalten, da in Wasser Hydrolyse eintritt.

$$3\,Hg + 8\,HNO_3 \rightarrow 3\,Hg(NO_3)_2 + 2\,NO + 4\,H_2O$$

Ebenso ist die Darstellung aus Quecksilber-I-nitrat und Salpetersäure möglich (Bode und Ludwig 2013). Die wasserfreie, weiße, kristalline Verbindung schmilzt bereits bei einer Temperatur von 79 °C. Es existieren auch verschiedene Hydrate (Kozin und Hansen 2013).

Da auch Quecksilber-II-nitrat sehr giftig ist und die Umwelt stark belastet, setzt man es heute nicht mehr zur Behandlung von Fellen ein (Csuros und Csuros 2002; Lew 2008), sondern nur noch zur Herstellung anderer Verbindungen des Quecksilbers. Da es ein Oxidationsmittel ist, reagiert es teils heftig mit brennbaren organischen Chemikalien (Lewis 2008).

Anwendungen

Thermometer: Quecksilber benetzt Glas nicht und zeigt eine thermische Ausdehnung, die über einen weiten Bereich hinweg nahezu proportional zur Temperatur ist. Man verwendete es daher gerne in Flüssigkeits- und Kontaktthermometern bis herab zu einer Temperatur von –35 °C. Da es sehr giftig ist, wurde und wird es, wo es möglich ist, zunehmend durch niedrigschmelzende Legierungen (Galinstan), gefärbten Alkohol oder elektronische Thermometer ersetzt. Für medizinische Anwendungen bestimmte Thermometer dürfen innerhalb der EU seit April 2009 kein Quecksilber mehr enthalten.

Manometer/Barometer: Bis heute dient Quecksilber oft als Manometerflüssigkeit. Bei Normaldruck (1 Atmosphäre) ist die Säule des Quecksilbers 760 mm hoch. Die Maßeinheiten für 1 mm sind: 1 mm = 1 torr (bis 1978) = 133,21 Pa. (heute).

Quecksilberdampflampen: Diese gibt es in verschiedenen Auslegungsformen. Niederdrucklampen haben Innendrücke bis ca. 10 mbar und strahlen ohne zusätzlich eingebrachten Leuchtstoff nur wenig sichtbares Licht ab, aber dafür einen hohen Anteil an UV-Licht. Sie besitzen meist einen aus Quarzglas bestehenden Kolben und dienen beispielsweise zu Desinfektionszwecken. Leuchtstofflampen tragen zusätzlich an der inneren Glasoberfläche einen fluoreszierenden Leuchtstoff und vereinen sehr hohe Lichtausbeute mit Langlebigkeit. Die neben Neonröhren verwendeten Leuchtröhren sind oft Quecksilber-Niederdrucklampen mit Leuchtstoffen der jeweiligen Farbe. Diese Kaltkathodenröhren haben eine gegenüber Leuchtstofflampen noch deutlich erhöhte Lebensdauer. LED gehen zunehmend in diese Anwendungen.

Mitteldrucklampen verwendet man in der Industrie zur Aushärtung bestimmter UV-reaktiver Klebstoffe, Lacke und Druckfarben. Hochdrucklampen dagegen weisen einen Betriebsdruck bis zu ca. 10 bar auf, der bereits nach kurzer Zeit aufgebaut wird. Diese Quecksilberdampf-Hochdrucklampen setzt man vielfach zur Straßen- und Industriebeleuchtung ein. Sie sind schon mit einer Zündelektrode ausgestattet, haben eine gute Lichtausbeute und senden blaugrünes Licht aus. Die Lichtausbeute beträgt bis zu 60 %, der Rest ist Abwärme. In ihnen sind die Wolframelektroden nur wenige mm voneinander entfernt. Das im Kolben befindliche Quecksilber verdampft sehr schnell und erzeugt im Gaszustand das typische Lichtspektrum. Ein Ersatz für Quecksilber ist seit längerem Xenon, das in der Autoindustrie als Füllgas für Scheinwerferlampen benutzt wird.

Schalter: Dieser Einsatz ist fast nur noch von historischem Interesse. Quecksilber diente in ihnen lange Zeit als flüssiges und bewegliches Kontaktmedium für elektrischen Strom, ist aber seit 2005 in der EU für diese Anwendung nicht mehr zulässig. Die Funktion beruhte darauf, dass ein in einem Glasrohr befindlicher, beweglicher Quecksilbertropfen neigungsabhängig den elektrischen Kontakt zwischen zwei ins Glas eingeschmolzenen Metallstiften öffnet oder schließt. Derartige Schalter sind beispielsweise noch in alten Treppenlicht-Zeitschaltern oder in Thermostaten von Boilern enthalten.

Amalgam: Diese Legierungen des Quecksilbers mit anderen Metallen (Zinn etc.) verwendet man noch als Füllmittel für Zähne. Quecksilber zerstört auch Konstruktionen aus Magnesium, Aluminium und Zink durch Amalgambildung!

Desinfektions- und Heilmittel, Kosmetika: Früher waren organische Quecksilbersalze Wirkstoff zur Desinfektion von Wunden, sind aber nahezu vollständig aus diesen verbannt worden. Vom ausgehenden Mittelalter bis zum Anfang des 20. Jahrhunderts diente die graue Quecksilbersalbe zur Behandlung der Syphilis (Zimmermann 1989). Bis in die 1990er Jahre war Quecksilber-I-chlorid als Spermizid in Vaginal-Zäpfchen enthalten.

Elektrolyse: Im früher zur Produktion von Natronlauge und Chlor weit verbreiteten, heute in Ablösung befindlichen Amalgamverfahren band man das an der aus Quecksilber bestehenden Kathode entstandene Natrium in situ als Amalgam. Dieses wurde von Zeit zu Zeit abgeführt und durch frisches Quecksilber ersetzt. Das Amalgam zersetzte man in separaten Zellen mit Wasser wieder zu Natriumhydroxid und reinem Quecksilber.

Gewinnung edler Metalle: Oft verwendete man Quecksilber, um Edelmetalle in gediegener Form aus dem Erdreich in Form eines Amalgams zu „extrahieren". Anschließend ließen wilde Schürfer – und lassen immer noch – das Quecksilber einfach verdunsten, wobei das reine Edelmetall dann zurück bleibt. Bei machen südamerikanischen Fundorten ist die Umwelt des umliegenden Gebietes daher stark belastet.

Astronomie: Quecksilber dient als „flüssiger Spiegel" in Teleskopen. Das Metall befindet sich in einem tellerförmigen, rotierenden Spiegelträger, wobei es sich auf der gesamten Spiegelträgerfläche in dünner Schicht verteilt und einen fast perfekten Parabolspiegel bildet. Der wesentliche Nachteil ist, dass man die Spiegel nur horizontal ausrichten kann.

Analytik: Die *Amalgamprobe* dient als qualitativer Nachweis für Quecksilber. Hält man ein Kupferblech in eine salpetersaure Lösung der Probe, so scheidet sich auf dem Kupfer ein silbriger, nicht entfernbarer Amalgamfleck ab. Im Unterschied zu Silber verflüchtigt sich dieser in der Flamme eines Bunsenbrenners. Auf einem vor die Brennerflamme gehaltenen Uhrglas kondensiert das verdampfte Quecksilber in Form kleiner Tröpfchen.

Die *Glührohrprobe* funktioniert ähnlich. Man vermischt die zu analysierende Substanz mit derselben Menge an Natriumcarbonat und glüht das Gemisch im

Abzug. Enthält die Probe Quecksilber, so scheidet sich dieses als metallischer Spiegel an der Wand des Reagenzglases ab.

Im qualitativen Trennungsgang ist Quecksilber sowohl in der *Salzsäure-* als auch in der *Schwefelwasserstoff-Gruppe* nachweisbar. Gibt man Salzsäure zu, so fällt Kalomel (Hg_2Cl_2) aus, das nach Zugabe von Ammoniaklösung zu Quecksilber und Quecksilber-II-amidochlorid disproportioniert. Einleiten von H_2S dagegen fällt Quecksilber als schwarzen Zinnober (HgS) aus.

Mit Hilfe der *AAS* (Quarz- oder Graphitrohr) sind Quecksilberverbindungen bis zum Teil in extrem niedrigen Mengen nachweisbar (Flores et al. 2001; Lobinski und Marczenko 1997; Chen et al. 2009). In Verbindung mit der Kaltdampferzeugung konnte man eine Nachweisgrenze von 0,03 ng (!) erreichen. Bei der *AES-MIP* erfolgt die Detektion ebenfalls bei den Wellenlängen 253,65 nm und 247,85 nm; der bisherige Rekord steht bei einer absoluten Nachweisgrenze von 4,4 ng/g Probe. Die *ICP-MS* ist gerade bei Quecksilberorganylen sehr empfindlich und erreicht ähnlich niedrige Nachweisgrenzen (Craig et al. 1999; Frech et al. 2000). Bei der anodischen *Stripping-Voltammetrie* reichert man zunächst Quecksilber auf der aus Gold bestehenden Messelektrode an, wonach man das Quecksilber durch Anlegen einer Spannung wieder oxidiert. Der Stromfluss bei gegebener Spannung korreliert direkt mit der Menge an vorhandenem Quecksilber. Die Nachweisgrenze liegt auch hier im unteren einstelligen ng-Bereich (Clevenger et al. 1997; Salaun und van der Berg 2006).

Wirkung auf die Umwelt und Verbote: Norwegen verbot 2008, Schweden 2009 generell den Gebrauch von Quecksilber generell. Innerhalb der EU verfolgt man seit Januar 2005 eine „Gemeinschaftsstrategie für Quecksilber", die eine Bewirtschaftung bestehender Mengen und den Schutz von Menschen vor Exposition vorsieht. Seit Inkrafttreten der EU-Verordnung über das Verbot der Ausfuhr von Quecksilber und bestimmten Verbindungen sowie die sichere Lagerung von Quecksilber vom 22. Oktober 2008 gilt es als gefährlicher Abfall und muss in unterirdische, gesicherte Lagerstätten eingebracht werden. Der Export von Quecksilber bzw. von quecksilberhaltigen Stoffen mit einer Konzentration von über 95 % Quecksilber in Nicht-EU-Staaten ist verboten.

Da auch die UN in ihrem Umweltprogramm Quecksilber als „global umweltschädlich" einstufen, ist die Nachfrage nach Quecksilber stark zurückgegangen. Das im Januar 2013 von 140 Staaten unterzeichnete Minamata-Übereinkommen regelt Produktion, Verwendung und Lagerung von Quecksilber und seinen Abfällen. Neue Produktionen dürfen nicht mehr errichtet, bestehende müssen innerhalb einer Übergangszeit von 15 a geschlossen werden. Trotzdem schätzt man, dass auch gegenwärtig noch >2000 t/a gasförmiges Quecksilber in die Atmosphäre entweichen und zudem noch erhebliche Mengen in Böden und Gewässern vorhanden sind (Chen 2016; Streets et al. 2009).

Goldsucher sind für ein knappes Drittel der weltweit emittierten Menge an Quecksilber verantwortlich. Kohlekraftwerke stoßen jährlich mehr als 600 t des Elements aus; daran ist Deutschland aber nur mit einem Prozent beteiligt. Quecksilber sammelt sich auch im Klärschlamm von Kläranlagen und wird bei der Verhüttung von Buntmetallen, Blei und Zink in die Atmosphäre abgegeben (Ebinhaus et al. 1999; Watras und Huckabee 1994).

Das deutsche Umweltbundesamt empfiehlt seit einigen Jahren einen Grenzwert im Abgas von Kohlekraftwerken von 1 µg/m^3 im Jahresmittel. Nach Expertenmeinung können diese Grenzwerte durch Ausrüstung der Kraftwerke mit spezieller Technik auch eingehalten werden.

Physiologie und Toxizität

Bei der Aufnahme über den Verdauungstrakt ist reines metallisches Quecksilber relativ ungefährlich, eingeatmete Dämpfe wirken aber stark toxisch.

Am giftigsten sind organische Quecksilberverbindungen, beispielsweise Methylquecksilber). Je nach Aufnahme sind sowohl eine akute als auch eine chronische Vergiftung möglich (Schweinsberg 2002).

5.4 Copernicium

Symbol:	Cn	
Ordnungszahl:	112	
CAS-Nr.:	54084-26-3	
Aussehen:	----	
Entdecker, Jahr	Hofmann, Ninov et al. (Deutschland), 1996	
Wichtige Isotope [natürliches Vorkommen (%)]	Halbwertszeit	Zerfallsart, -produkt
$^{283}_{112}$Cn (synthetisch)	4 s	α > $^{279}_{110}$Ds
$^{285}_{112}$Cn (synthetisch)	29 s	α > $^{281}_{110}$Ds ♦ SF
Massenanteil in der Erdhülle (ppm):		-----
Atommasse (u):		(285)
Elektronegativität (Pauling ♦ Allred&Rochow ♦ Mulliken)		Keine Angabe
Atomradius (berechnet) (pm):		147*
Van der Waals-Radius (pm):		Keine Angabe
Kovalenter Radius (pm):		122*

Elektronenkonfiguration:	[Rn] $5f^{14}\,6d^{10}\,7s^{2}$
Ionisierungsenergie (kJ / mol), erste ♦ zweite ♦ dritte:	1155 ♦ 2170 ♦ 3164*
Magnetische Volumensuszeptibilität:	Keine Angabe
Magnetismus:	Diamagnetisch*
Kristallsystem:	Hexagonal-dichtest*
Elektrische Leitfähigkeit([A / (V · m)], bei 300 K):	Keine Angabe
Dichte (g / cm^3, bei 293,15 K)	23,7 *
Molares Volumen (m^3 / mol, im festen Zustand):	$12{,}03 \cdot 10^{-6}$
Wärmeleitfähigkeit [W / (m · K)]:	Keine Angabe
Spezifische Wärme [J / (mol · K)]:	Keine Angabe
Schmelzpunkt (°C ♦ K):	Keine Angabe
Schmelzwärme (kJ / mol)	Keine Angabe
Siedepunkt (°C ♦ K):	84 (+112/–108) ♦ 357 (+112/–108)*
Verdampfungswärme (kJ / mol):	Keine Angabe

* Geschätzte bzw. berechnete Werte

Geschichte und Darstellung

Copernicium wurde zum ersten Mal 1996 durch ein Team der Gesellschaft für Schwerionenforschung (GSI) in Darmstadt um Hofmann und Ninov durch Beschuss von $^{208}_{82}$Pb-Kernen mit $^{70}_{30}$Zn-Nukliden in Form eines einzigen Atoms erzeugt (Hofmann 1996):

$$^{208}_{82}\mathrm{Pb} + {}^{70}_{30}\mathrm{Zn} \rightarrow {}^{277}_{112}\mathrm{Cn} + {}^{1}_{0}\mathrm{n}$$

Vier Jahre später konnte dieselbe Arbeitsgruppe das Experiment reproduzieren (Hofmann et al. 2002). Das japanische RIKEN bestätigte die Angaben, vor allem die zu Zerfallsprozessen und -zeiten, der Darmstädter Gruppe 2004 (Morita et al. 2004; Vogt et al. 2001).

Zunächst lehnte die IUPAC die Versuche als nicht ausreichend begründet ab, weil die Zerfallsdaten eines der in der Zerfallskette des Copernicium erscheinenden Nuklide ($^{261}_{104}$Ru) nicht eindeutig waren (Vogt et al. 2003). Dies konnte die GSI durch Vorlage neuer Befunde aber entkräften. 2009 erkannte die IUPAC schließlich der GSI die Entdeckung des neuen Elements sowie das erste Recht auf dessen Benennung zu, für das die GSI schließlich den Namen Copernicium zu Ehren von Kopernikus vorschlug (Meija 2009; Barber 2009). Dieser Name wurde am 19. Februar 2010 von der IUPAC offiziell akzeptiert.

Eigenschaften

Physikalische Eigenschaften: Alle Isotope des Elements sind radioaktiv, bisher wurden Massenzahlen von 277 bis 283 berichtet. Die meisten erleiden α-Zerfall, manche auch spontane Kernspaltung. Die Halbwertszeiten sind sehr kurz, wobei die schwereren Isotope noch die stabileren sind (Halbwertszeit von $^{285}_{112}Cn$: 29 s). Die anderen Isotopen zerfallen zur Hälfte in weniger als 0,1 s. Prognosen sagen für die noch nicht dargestellten Isotope $^{291}_{112}Cn$ und $^{293}_{112}Cn$ Halbwertszeiten von 1200 a (!) voraus.

Copernicium sollte ein Schwermetall einer Dichte von ca. 23.7 g/cm^3 sein. Diskutiert wird, ob es bei Raumtemperatur ein Feststoff, eine Flüssigkeit oder sogar ein Gas ist.

Hierfür sind relativistische Effekte entscheidend, ebenso für die Stabilisierung des 7s- Orbitals und die Destabilisierung der 6d-Orbitale. Wir könnten hier also ein bei Raumtemperatur gasförmiges Edelmetall vor uns haben, das noch dazu die Eigenschaften eines Halbleiters hat! In jedem Fall wird Copernicium sehr flüchtig sein; der Siedepunkt wurde auf 84 °C (Toleranz: +112 und –108 °C) berechnet (Soverna 2004; Eichler et al. 2008).

Chemische Eigenschaften

Die Bildung starker intermetallischer Bindungen, beispielsweise zu Kupfer, Palladium, Platin, Silber und Gold ist möglich. Das Cn^{2+}-Ion sollte eher durch Abgabe von 6d- als von 7s-Elektronen gebildet werden. Ionisiertes Copernicium sollte sich trotzdem ungefähr wie ein Übergangsmetallion verhalten, auch in einem möglichen Oxidationszustand +4. Ein dem zweiatomigen Ion Hg_2^{2+} analoges Cn_2^{2+} sollte Berechnungen zufolge instabil sein. Man erwartet, dass sich *Copernicium-II-fluorid (CnF_2)* leicht in die Elemente zersetzt. Halogenokomplexe sollten existieren.

Verbindungen

Copernicium ist das schwere Homologe des Quecksilbers und sollte wie dieses starke binäre Bindungen mit Edelmetallen wie Gold eingehen. In Versuchen wurde die Adsorption von Atomen des Coperniciums auf Goldoberflächen bei verschiedenen Temperaturen geprüft, um die Bindungsenthalpie zu messen. Copernicium erwies sich als flüchtiger als Quecksilber, aber die Reaktionscharakteristika wiesen es eindeutig dem schwersten Element der 2. Nebengruppe zu (Eichler et al. 2007).

Literatur

S. Adachi, *Handbook on physical properties of semiconductors* (Kluwer, Alphen aan den Rijn, 2004), S. 420. ISBN 978-1-4020-7820-0

M. Almbauer, Foto „Cadmiumrot" (2015)

J. Almkvist, Über die Quecksilberbehandlung in Europa während des Mittelalters. Wien. Klin. Wochenschr. **60,** 15–19 (1948)

N. Amin et al., Numerical modeling of CdS/CdTe and CdS/CdTe/ZnTe solar cells as a function of CdTe thickness. Sol. Energ. Mat. Sol. Cells **91**(13), 1202–1208 (2007)

H. Amiri et al., Plain abdominal radiography: A powerful tool to prognosticate outcome in patients with zinc phosphide poisoning. Clin. Radiol. **69**(10), 1062–1065 (2014)

R.C. Barber et al., Discovery of the element with atomic number 112. Pure Appl. Chem. **81**(7), 1331 (2009)

Benjah-bmm27, Foto "Quecksilber-II-oxid" (2006)

H.K. Biesalski et al., *Ernährungsmedizin*, 4. Aufl. (Georg Thieme, Stuttgart, 2010). ISBN 978-3-13-100294-5

R.J. Bildfell et al., A review of episodes of zinc phosphide toxicosis in wild geese (Branta spp.) in Oregon (2004–2011). J. Vet. Diagn. Invest. **25**(1), 162–167 (2013)

R. Blachnik, *Taschenbuch für Chemiker und Physiker. Band III: Elemente, anorganische Verbindungen und Materialien, Minerale*, 4. Aufl. (Springer, Berlin, 1998), S. 484, ISBN 3-540-60035-3

H. Bode, H. Ludwig, *Chemisches Praktikum für Mediziner* (Springer, Heidelberg, 2013), S. 70. ISBN 978-3-540-60035-3

G. Brauer, *Handbuch der Präparativen Anorganischen Chemie*, Bd. I, 3. Aufl. (Enke, Stuttgart, 1975). ISBN 3-432-87813-3

G. Brauer, *Handbuch der Präparativen Anorganischen Chemie*, Bd. II, 3. Aufl. (Enke, Stuttgart, 1978). ISBN 3-432-87813-3

R.F. Brebrick, Thermodynamic modeling of the Hg-Cd-Te and Hg-Zn-Te systems. J. Cryst. Growth. **86,** 39–48 (1988)

R. Brückner, *Reaktionsmechanismen*, 3. Aufl. (Spektrum Akademischer Verlag, München, 2004), S. 776. ISBN 3-8274-1579-9

A.G. Brutlag et al., Potential zinc phosphide rodenticide toxicosis in dogs: 362 cases (2004–2009). J. Am. Vet. Med. Assoc. **239**(5), 646–651 (2011)

H. Sicius, *Zinkgruppe: Elemente der zweiten Nebengruppe,* essentials,
DOI 10.1007/978-3-658-17868-0

F. Calvo et al., Evidence for low-temperature melting of mercury owing to relativity. Angew. Chem. Int. Ed. **52,** 7583–7585 (2013)

P. Capper, J. Garland, *Mercury cadmium telluride* (Wiley, Chichester, 2011). ISBN 978-0-470-69706-1

T.J. Caruso et al., Treatment of naturally acquired common colds with zinc: A structured review. Clin. Infect. Dis. **45**(5), 569–574 (2007)

G.Q. Chen et al., An overview of mercury emissions by global fuel combustion: The impact of international trade. Renew. Sust. Energ. Rev. **65,** 345–355 (2016)

Z. Chen et al., Catalytic kinetic methods for photometric or fluorometric determination of heavy metal ions. Microchim. Acta **164,** 311–336 (2009)

W. Clevenger et al., Trace determination of mercury: A review. Crit. Rev. Anal. Chem. **27,** 1–26 (1997)

A.H. Colagar et al., Zinc levels in seminal plasma are associated with sperm quality in fertile and infertile men. Nutr. Res. **29**(2), 82–88 (2009)

P. Craig et al., The analysis of inorganic and methyl mercury by derivatisation methods. oppor. diffic. Chemosphere **39,** 1181–1197 (1999)

M. Csuros, C. Csuros, *Environmental sampling and analysis for metals* (CRC Press, Boca Raton, 2002), S. 55. ISBN 978-1-4200-3234-5

E. Doğan et al., Zinc phosphide poisoning. Case Rep. Crit. Care **2014**, 589712 (2014)

E. Dorm, Studies on the crystal chemistry of the mercurous ion and of mercurous salts. J. Chem. Soc. D Chem. Comm. **81,** 466–467 (1971)

R. Ebinghaus et al., *Mercury contaminated sites – Characterization, risk assessment and remediation* (Springer, Berlin, 1999). ISBN 3-540-63731-1

Edmund Optics, Foto „Zinkselenid-Fenster" (2017)

R. Eichler et al., Chemical characterization of element 112. Nature **447**(7140), 72–75 (2007)

R. Eichler et al., Thermochemical and physical properties of element 112. Angewandte Chemie **47**(17), 3262–3266 (2008)

G. Eisenbrand, M. Metzler, *Toxikologie für Chemiker* (Georg Thieme, Stuttgart, 1994), S. 66. ISBN 3-13-127001-2

P. Elphimoff-Felkin, P. Sarda, Reductive cleavage of allylic alcohols, ethers, or acetates to olefins: 3-methylcyclohexene. Org. Synth. **56,** 101 (1977)

E. Flores et al., Determination of mercury in mineral coal using cold vapor generation directly from slurries, trapping in a graphite tube, and electrothermal atomization. Spectrochim. Acta **56,** 1605–1614 (2001)

W. Frech et al., Rapid determination of methylmercury in biological materials by GCMIP-AES or GC-ICP-MS following simultaneous ultrasonic-assisted in situ ethylation and solvent extraction. J. Anal. At. Spectrom. **15,** 1583–1588 (2000)

W. Freyland et al., *Physics of non-tetrahedrally bonded elements and binary compounds I* (Springer, Heidelberg, 1983), S. 203. ISBN 3-540-11780-6

E. Gerdes, *Qualitative Anorganische Analyse*, 2. Aufl. (Springer, Berlin, 2001), S. 64–65

S. Gronowitz, T. Raznikiewicz, 3-Bromothiophene. Org. Synth. **44,** 9 (1964)

M.H. Habibi, T.E. Mallouk, Photochemical selective fluorination of organic molecules using mercury (II) fluoride. J. Fluor. Chem. **51,** 291–294 (1991)

H. Hager et al., *Hagers Handbuch der Pharmazeutischen Praxis* (Springer, Heidelberg, 1999), S. 472–473. ISBN 3-540-52641-2

A. Hartwig, *Zink, Römpp Online* (Thieme, Stuttgart, 2006)

W.A. Herrmann, *Synthetic methods of organometallic and inorganic chemistry: Copper, silver, gold, zinc, cadmium, and mercury* (Georg Thieme, Stuttgart, 1999), S. 196. ISBN 3-13-103061-5

J. Heyrovský, P. Zuman, *Einführung in die praktische Polarographie* (VEB Verlag Technik, Ost-Berlin, 1959), S. 179

S.E.R. Hiscocks, C.T. Elliott, On the preparation, growth and properties of Cd3As2. J. Mater. Sci. **4,** 784–788 (1969)

S. Hofmann et al., The new element 112. Z. Phys. A **354**(1), 229–230 (1996)

S. Hofmann et al., New results on element 111 and 112. Eur. Phys. J. A **14**(2), 147–157 (2002)

F. Holleman, E. Wiberg, N. Wiberg, *Lehrbuch der Anorganischen Chemie*, 102. Aufl. (De Gruyter, Berlin, 2007). ISBN 978-3-11-017770-1

D. Horton, *Advances in carbohydrate chemistry and biochemistry*, Bd. 72 (Elsevier, Amsterdam, 2004). ISBN 0-120-07259-9

Hu et al., Unprecedented catalytic three component one-pot condensation reaction: An efficient synthesis of 5-Alkoxycarbonyl- 4-aryl-3,4-dihydropyrimidin-2(1H)-ones. J. Org. Chem. **63**(10), 3454–3457 (1998)

Images of Elements, Foto „Zink-Pellet“ (2016), http://images.google.de/imgres?imgurl=http://images-of-elements.com/pse/zink.jpg

P.H. Jefferson, S.A. Hatfield, T.D. Veal, P.D.C. King, C.F. McConville, J. Zúñiga-Pérez, V. Muñoz–Sanjosé, Bandgap and effective mass of epitaxial cadmium oxide. Appl. Phys. Lett. **92,** 022101 (2008)

C. Jones, M.L. Hitchman, *Chemical vapour deposition: Precursors, processes and applications* (Royal Society of Chemistry, London, 2009), S. 546. ISBN 0-85404-465-5

O. Kamm, β-Phenylhydroxylamine. Org. Synth. **4,** 57 (1925)

C.O. Kampe, The Biginelli Reaction, in *Multicomponent Reactions*, Aufl. von J. Zhu, H. Bienaymé (Wiley-VCH, Weinheim, 2005). ISBN 978-3-527-30806-4

F. Karau, W. Schnick, Synthese von Cadmiumnitrid Cd3N2 durch thermischen Abbau von Cadmiumazid Cd(N3)2 und Kristallstrukturbestimmung aus Röntgen-Pulverbeugungsdaten. Z. anorg. allg.Chem. **633**, 223–226 (2007)

M. Kaupp et al., Mercury is a transition metal: The first experimental evidence for HgF4. Angew. Chem. **119**, 8523–8527 (2007)

C.B. Khadilkar, Mercury and its uses in medicine (for the last 3000 years). Med. Bull. (Bombay) **15**, 152–162 (1947)

D.-T. Kim et al., Composition and temperature dependence of band gap and lattice constants of Mgx Cd1-x Se single crystals. physica status solidi. **3**(8), 2665–2668 (2006)

H. Kojima et al., Melting points of inorganic fluorides. Can. J. Chem. **46**(18), 2968–2971 (1968)

L.F. Kozin, S.C. Hansen, *Mercury handbook chemistry, applications and environmental impact* (Royal Society of Chemistry, London, 2013), S. 101. ISBN 978-1-84973-409-7

H.F. Krug et al., *Zinkoxid, Römpp Online* (Thieme, Stuttgart, 2016)

K. Lew, *Mercury* (The Rosen Publishing Group, New York, 2008), S. 5. ISBN 978-1-4042-1780-5

R.J. Lewis Sr., *Hazardous chemicals desk reference* (Wiley, New York, 2008), S. 879. ISBN 0-470-33445-2

R. Lobinski, Z. Marczenko, *Spectrochemical trace analysis for metals and metalliods* (Elsevier, Amsterdam, 1997), ISBN 0-444-82879-6

Mangl, Foto „Cadmiumoxid“ (2007)

O. Madelung, *Semiconductors: Data handbook* (Springer, Berlin, 2004), S. 239. ISBN 978-3-540-40488-0

O. Mangl, Foto „Cadmiumoxid” (2007)

I. Marshall, Zinc for the common cold. Cochrane Database Syst. Rev. **2,** CD001364 (2007)

J. Meija, The need for a fresh symbol to designate copernicium. Nature **461**(7262), 341 (2009)

Metallium, Inc., Foto „Cadmium-Pellet“, Watertown (2016)

Metallium, Inc., Foto „Zink-Pellet“, Watertown (2016)

F.J.C. Milara, The mining park of Almadén. Urban. res. pract. **4**(2), 215–218 (2011)

B. Moody, *Comparative inorganic chemistry* (Elsevier, Amsterdam, 2013), S. 414. ISBN 978-1-4832-8008-0

K. Morita, *Decay of an Isotope 277112 produced by 208Pb + 70Zn reaction, In: Yu. E. Penionzhkevich und E. A. Cherepanov, Exotic Nuclei: Proceedings of the International Symposium* (World Scientific Publishers, Russische Akademie der Wissenschaften, 2004), S. 188–191

A.V. Narsaiah et al., Cadmium chloride, an efficient catalyst for one-pot synthesis of 3,4-Dihydropyrimidin-2(1H)-ones. Synthesis **8**, 1253–1256 (2004)

R. Neeb, *Inverse Polarographie und Voltammetrie* (Akademie, Ost-Berlin, 1969), S. 192

I. Niestroj, *Praxis der orthomolekularen Medizin: Physiologische Grundlagen. Therapie mit Mikronährstoffen*, 2. Aufl. (Georg Thieme, Stuttgart, 2000), S. 419. ISBN 3-7773-1470-6

N. Odegaard, A. Sadongei, *Old poisons, new problems* (Alta Mira Press, Rowman & Littlefield, Lanham, 2005)

W. Oelen, Foto „Cadmiumsulfid, amorph“ (2005)

W. Oelen, Foto „Quecksilber-II-iodid“ (2008)

E.D. Palik, *Handbook of optical constants of solids* (Academic & Elsevier, New York, 1998), S. 595. ISBN 0-12-544423-0

D.E. Partin, O'. Keeffe, The structures and crystal chemistry of magnesium chloride and cadmium chloride. J. Solid State Chem. **95,** 176–183 (1991)

O. Pederson, *Pharmaceutical chemical analysis* (Taylor & Francis, London, 2006). ISBN 0-849-31978-1

Periodictable.ru, Foto “Cadmium Granalien” (2017)

D.L. Perry, *Handbook of inorganic compounds*, 2. Aufl. (Taylor & Francis, London, 2011), S. 273. ISBN 1-4398-1462-7

G.M. Prabhu et al., Kinetics of the oxidation of zinc sulfide. Ind. Eng. Chem. Fundam. **23,** 271–273 (1984)

RHW-Redaktion, *Ökotrophologie*, Bd. 2 (Verlag Neuer Merkur, Planegg, 2011), S. 273. ISBN 1-4398-1462-7

E. Riedel, C. Janiak, *Anorganische Chemie*, 7. Aufl. (De Gruyter, Berlin, 2007), S. 138. ISBN 978-3-11-018903-2

E. Riedel, C. Janiak, *Anorganische Chemie*, 7. Aufl. (De Gruyter, Berlin, 2007), S. 765. ISBN 978-3-11-018903-2

V. Rjabova, *Einfluss der Struktur CH-acider Nitrile auf die elektrochemische Synthese von Organometallkomplexen des Kupfers und Zinks* (Dissertation, Universität Halle, Saale, 2001)

P. Salaun, C. van der Berg, Voltammetric detection of mercury and copper in seawater using a gold microwire electrode. Anal. Chem. **78**, 5052–5060 (2006)

R. Sauer, *Halbleiterphysik, Lehrbuch für Physiker und Ingenieure* (Oldenbourg & Cornelsen, Düsseldorf, 2008), S. 402. ISBN 978-3-486-58863-7

H. Schmit et al., Three-step method to determine the eutectic composition of binary and ternary mixtures – Tested on two novel eutectic phase change materials based on salt hydrates. J. Therm. Anal. Calorim. **117,** 595–602 (2014)

H. Schröcke, K.-L. Weiner, *Mineralogie. Ein Lehrbuch auf systematischer Grundlage* (De Gruyter, Berlin, 1981), S. 142–177. ISBN 3-11-006823-0

W. Schröter, K.-H. Lautenschläger, *Chemie für Ausbildung und Praxis* (Verlag Harri Deutsch, Frankfurt a. M., 1996), S. 314

K.-H. Schulte-Schrepping, M. Piscator, *Cadmium and Cadmium compounds, in: Ullmann's encyclopedia of industrial chemistry* (Wiley-VCH, Weinheim, 2002)

G. Schwedt, *Analytische Chemie* (Thieme, Stuttgart, 1995), p. 197

F. Schweinsberg, Bedeutung von Quecksilber in der Umweltmedizin – Eine Übersicht. Umweltmed. Forsch. Prax. **7**(5), 263–278 (2002)

R.K. Sharma, *Chemistry of hydrides and carbides* (Discovery Publishing House, New Delhi, 2007), S. 313. ISBN 81-8356-227-2

I. Silvester, *Psyche-Physe-Fit* (Books on Demand, Hamburg, 2005), S. 199–200. ISBN 978-3-8311-2209-7

M. Simon et al., *Mercury, mercury alloys, and mercury compounds, in: Ullmann's encyclopedia of industrial chemistry* (Wiley-VCH, Weinheim, 2006)

G. van der Snickt et al., Characterization of a degraded cadmium yellow (CdS) pigment in an oil painting by means of synchrotron radiation based X-ray techniques. Anal. Chem. **81**(7), 2600–2610 (2009)

S. Soverna, Indication for a gaseous element 112 (GSI Scientific Report 2003, GSI Report 2004-1, Darmstadt, Deutschland, 2004), S. 187, ISSN 0174-0814

O.K. Srivastava, E.A. Secco, Studies on metal hydroxy compounds. I. Thermal analyses of zinc derivatives ε-Zn(OH)2, Zn5(OH)8Cl2·H2O, β-ZnOHCl, and ZnOHF. Can. J. Chem. **45**(6), 579–583 (1967)

J.M. Stellman, *Encyclopaedia of occupational health and safety chemical, industries and occupations* (Genf, International Labour Organization, 1998), S. 83.24. ISBN 92-2109816-8

R.V. Stick, S.J. Williams, *Carbohydrates: The sweet molecules of life* (Elsevier, Amsterdam, 2001). ISBN 0-126-70960-2

D.G. Streets et al., Projections of global mercury emissions in 2050. Environ. Sci. Technol. **43**(8), 2983–2988 (2009)

R. Tenne et al., CdI2 nanoparticles with closed-cage (fullerene-like) structures. J. Mater. Chem. **13,** 1631–1634 (2003)

A. Tolcin, *Zinc, mineral commodity summaries, United States Geological Survey* (U. S. Department of the Interior, Washington, 2015)

P. Villars, K. Cenzual, *Structure types. Part 4: Space groups (189)–(174), in: Landolt-Börnstein – Group III condensed matters* (Springer, Berlin, 2006)

E. Vogt et al., On the discovery of the elements 110–112. Pure Appl. Chem. **73**(6), 959–967 (2001)

E. Vogt et al., On the claims for discovery of elements 110, 111, 112, 114, 116 and 118. Pure Appl. Chem. **75**(10), 1061–1611 (2003)

Walkerma, Foto "Zinkoxid" (2005)

C.J. Watras, J.W. Huckabee, *Mercury pollution – Integration and synthesis* (Lewis Publishers, Ann Arbor, 1994). ISBN 1-56670-066-3

P. Weiss, Quantum-dot leap – Tapping tiny crystals' inexplicable light-harvesting talent. Sci. News **169**(22), 344 (2006)

M. Weller, *Inorganic chemistry* (Oxford University Press, Oxford, 2014), S. 513. ISBN 978-0-19-964182-6

A.F. Wells, *Structural inorganic chemistry*, 5. Aufl. (Oxford Science Publications, Oxford, 1984). ISBN 0-19-855370-6

U. Welsch, T. Delle, *Lehrbuch Histologie*, 3. Aufl. (Urban & Fischer, Elsevier, München, 2010), S. 19. ISBN 978-3-437-44431-9

M. Winter, J.O. Besenhard, Wiederaufladbare Batterien. Chem. in unserer Zeit **33**(6), 320–332 (1999)

H. Zell, Foto "Zinnober, Quecksilber-II-sulfid" (2010)

J.G. Zhao et al., Structural stability of Zn3N2 under high pressure. Phys. B condens. Matter **405**(7), 1836–1838 (2010)

J.M. Ziman, A theory of the electrical properties of liquid metals. I: The monovalent metals. Philos. Mag. **6**(68), 1013 (1961)

H. Zimmer, K. Niedenzu, *Methodicum chimicum: Preparation of transition metal derivatives* (Academic, New York, 1976)

V. Zimmermann, Die beiden Harburger Syphilis-Traktate. Würzburger medizinhistorische Mitteilungen **7**, 72–77 (1989)

Printed in the United States
By Bookmasters